石油教材出版基金资助项目

石油高等院校特色规划教材

能源工程管理与实践

主　编　王治国

副主编　苏晓辉

石油工业出版社

内 容 提 要

本书内容共分三大部分。第一部分为能源工程管理基础部分，介绍了能源工程管理的研究内容和发展趋势，并对能源资源尤其是新能源进行了简要介绍。第二部分为能源工程技术管理部分，主要从工程技术角度介绍了能源工程管理所用到的技术方法。第三部分为能源工程经济管理部分，主要从经济管理的角度介绍了能源工程管理的内容。为了增加教材的实用性，部分章节增加了能源工程管理实例分析。

本书可作为高等院校能源动力类、管理类、环境工程类专业本科生相关课程的教材，也可作为从事能源生产、能源转换及利用等领域的工程技术人员及管理培训人员参考用书。

图书在版编目（CIP）数据

能源工程管理与实践/王治国主编. —北京：
石油工业出版社，2021.6
石油高等院校特色规划教材
ISBN 978-7-5183-4640-0

Ⅰ. ①能…　Ⅱ. ①王…　Ⅲ. 能源-工程管理-高等学校-教材
Ⅳ. ①TK01

中国版本图书馆 CIP 数据核字（2021）第 092450 号

出版发行：石油工业出版社
　　　　　（北京市朝阳区安定门外安华里 2 区 1 号楼　100011）
　　　　　网　　址：www. petropub. com
　　　　　编辑部：(010) 64251362　图书营销中心：(010) 64523633
经　　销：全国新华书店
排　　版：三河市燕郊三山科普发展有限公司
印　　刷：北京中石油彩色印刷有限责任公司

2021 年 6 月第 1 版　2021 年 6 月第 1 次印刷
787 毫米×1092 毫米　开本：1/16　印张：13
字数：333 千字

定价：32.00 元
（如发现印装质量问题，我社图书营销中心负责调换）

目 录

第一部分　能源工程管理基础

第二部分　能源工程技术管理

第一部分

能源工程管理基础

　　本部分首先对能源工程管理的基本概念进行了阐述，并在此基础上，对能源资源进行了论述。本部分为本书的基础部分，主要为后续能源工程技术管理和能源工程经济管理部分两内容的展开提供基础。

第一章

能源工程管理概述

第一节　能源工程管理的研究内容

一、我国能源消费的特点

随着社会的发展，从传统的化石能源，到各种新能源和可再生能源，人类利用能源的技术方案也更加多样化。能源工程是人类为了高效利用能源所实施的工程项目的总称。传统能源的高效清洁开发，新能源的开发和利用、传统能源和新能源互补等也对能源工程提出了新的课题和挑战。构建高效清洁的能源利用体系成为诸多国家和政府实施能源工程所追求的目标之一。

我国能源消费的特点表现为：能源生产增长率在一个较高水平，能源结构中化石能源占比过高，尤其以煤的消耗占主；能源消费以工业消耗为主，人均能源消费量较工业化国家水平低，能源生产和利用相对粗放，利用效率较低。在这样的能源消费状况下，我国能源发展面临着以下几个问题：

（1）能源供求不平衡。在经济快速发展的条件下，保证能源充足供给是维持经济稳定、快速发展的基础。未来对于能源的需求仍然保持上升趋势，但以煤为主导的能源结构下，随着一次能源的不断消耗，常规能源供给难以高质量满足生产生活需求。

（2）环境污染问题。中国经济仍处于重工业化阶段，需要消耗大量能源，而其中煤炭占主要地位。这样的情况造成了 CO_2 排放增加、空气污染严重、烟尘排放超标、酸雨现象等环境问题，未来能源结构的转变需考虑环境污染问题，构建可持续发展的清洁能源体系。

（3）能源分布与能源消耗分布不匹配。我国能源富集区域为东北部和中西部，而能源需求较大的区域则集中在东南沿海等经济发达地区，能源分布的不均衡使得经济发展面临巨大的挑战。

为解决以上问题，就需要综合运用工程技术和经济管理的方法对能源进行综合管理。

二、能源工程管理的研究对象

工程管理（engineering management）是工程技术和管理科学与工程形成的交叉复合型学

科。能源管理（energy management）是运用系统学、管理学的方法针对能源系统进行的能源规划和节能管理的总称。而能源工程管理则是根据国家能源方针、政策，综合运用工程技术和管理科学方法，对能源的开发（生产）、输送、转换和利用等环节进行计划、组织、指挥、监督（测）和调节以达到合理开发、节约用能、环境保护并提高能源利用效率的目的，使有效的能源资源通过节约和综合利用，发挥最大的作用。能源工程管理已经成为一种重要的科学方法，在帮助工业企业及政府实现经济和社会发展目标方面发挥着越来越重要的作用。

能源工程管理是研究能源技术经济的一门管理方面的学科。它是能源技术和经济学相结合的交叉学科，是以能源科学和技术为基础，进而研究能源工程的经济规律的科学。能源工程管理既要研究能源工程技术方面的先进性、可行性，又要研究能源工程的经济效益。

能源工程管理涉及的对象，包括能源资源、能源设备和系统以及从事能源工作的人员。能源资源是能量的物质载体，是能源工业企业进行生产和建设的物质基础。能源设备和系统存在于能源的开发、生产、转换、储存、输送、分配与利用等各个环节中。能源工程和管理领域的工作人员不仅要求保证能源供应的可靠性，又要能正确处理在能源技术应用于生产实际过程中所遇到的能源有效利用、能量平衡管理、节能管理、能源风险控制、能源技术经济分析、能源系统规划等各个方面的问题。

三、能源工程管理的主要研究内容

能源在开发应用过程中涉及多个环节，如煤的开发，将煤从煤矿运送至发电厂，在发电厂发电，然后通过电网输送至用户处，最终用在各种电气设备上，每一环节各有特点，相互间既密切联系，又构成一个个相对独立的能源工程体系。能源工程管理的主要工作内容是建立能源工程管理机构，健全能源管理制度和体系，对能源工程实行全过程管理。

能源工程管理的开展首先需要一个管理机构。从政府层面来说，该机构主要是制定并执行相关能源政策与法规，如《中华人民共和国可再生能源法》。从企业层面来讲，该机构主要负责建立和健全能源管理工作体系，从组织上、制度上、方法上保证能源管理工作的有效进行，并落实能源方面的计划、生产、技术、设备、供应、资金、人员、计量、定额、统计、核算、节约、奖惩等工作。从宾馆、医院或商务大厦等层面来讲，该机构主要负责能源的安全、可靠供应，能源设备的正常运行以及能源系统的节能管理。

能源除一次能源（如煤、石油、天然气、太阳能等）外，也包括电、煤气、热水、蒸汽、冷冻水、自来水、氧气、压缩空气等二次能源或间接能源。在进行能源工程管理时必须掌握各种能源之间存在着错综复杂的相互替代关系，对能源领域进行全面管理，即能源全过程管理。能源全过程管理侧重综合效果和全社会经济效益。能源工程则涵盖了能源生产、能源输送、能源供应、能源贮存、能源分配、能源利用与节能技术等环节所涉及的所有工程项目。

能源全过程管理的任务就是综合运用工程技术和经济管理的方法，对能源过程各环节的全面管理、综合平衡，确保能源生产、应用等各环节之间的协调发展。如对于一个大型钢铁企业，既需要外来能源的供应，部分电力需要利用外来能源生产，同时企业内部还副产二次能源（如焦炉煤气、高炉煤气、转炉煤气等）。这些能源的合理调配，是企业内各生产工艺流程能否正常运行的保证。但这里能源工程管理不单单是在能量层面上协调平衡，更重要的是在能量梯级利用上的平衡。

四、能源工程管理的特点

能源工程管理具有定量化、制度化、系统化、标准化等特点。

定量化就是针对复杂能源工程系统中的管理问题，依靠大量统计数据，运用数学建模方法进行定量优化分析，从而有效地进行能源的定额管理和供需预测，制定符合客观实际的能源规划和能源供需计划。定量化是能源工程的科学管理基础。

为了能够组织好能源工程系统的一系列技术经济活动，相关的经济管理和技术管理必须制度化。具体要求以文字形式将管理业务、工作程序、工作要求、职责范围等明确规定下来，作为从事能源工程管理人们的行动的规范和准则。

系统化就是用系统工程的方法，从系统观点出发，把能源工程中的能源生产、供应、应用等环节错综复杂的相关因素综合起来进行分析，探求最佳方案。在不同范围内有不同的能源工程系统。能源工程的系统化问题必须从国民经济发展规划和提升速度、人口增长、生活水平、价格政策、技术发展、环境保护、生态平衡等各个方面综合考虑，统筹规划。同时，还要把能源工程体系内部各环节如资源、资金、运输、设备技术、地理区域、时间概念等因素联系起来，合理、有效地解决能源工程问题。

标准化就是根据我国能源方针、政策的要求，为加强能源工程科学管理、提供科学合理的管理手段、实现节能目的，从而制定、修订、贯彻与能源工程系统有关的各方面的技术标准和能源工程管理制度工作。能源工程标准化体系包括能源基础标准、能源设备器具标准、能源产品标准、用能设备能耗标准、能源材料标准、能源方法标准和能源技术管理标准等。能源工程标准化管理是一项综合性技术基础工作，是合理开发能源、提高能源利用率、更新改进用能设备及能源转换设备的技术依据。ISO 50001—2018 和 GB/T 23331—2020《能源管理体系 要求及使用指南》中详细规定了能源管理体系的建立和实施过程，在能源管理标准化过程中具有里程碑意义。

第二节 能源工程管理的发展

能源工程管理是综合能源技术与管理科学的一门综合性交叉学科。能源工程管理的发展离不开管理科学和能源技术尤其是新能源技术的发展。

一、我国能源发展的主要方向

清洁、低碳和能源的高效利用是当前我国能源发展的主要方向。新一轮科技革命和产业变革均聚焦能源领域，主要体现在三个方面：一是发达国家在高度重视能源安全的前提下，纷纷制定能源转型战略和低碳政策，发布更高的能源发展指标，不断提高可再生能源占比，逐步降低煤炭占比，持续提升电气化水平；二是能源科技创新进入高度活跃期，重点集中在氢能及新一代核能技术研发、大规模储能和智慧能源技术示范、先进分布式能源与智能微电网技术广泛应用等领域；三是能源供应和服务方式加快转变，综合能源系统逐步普及，先进能源设备及关键材料不断涌现。

新时代中国能源高质量发展需要从管理和技术上进行协同创新。随着5G、人工智能等信息技术和新能源技术的发展，智慧能源系统成为能源工程管理发展的主流方向。智慧能源系统是充分利用属地低品位能源，以电力、天然气、氢能等为主供高品位能源，采用智慧能源技术，通过建立综合能源站工程+智慧能源微网工程，实现多能互补，实现能源的梯级利用、循环利用，实现冷热电气水一站式服务，其整体能源利用效率和供能可靠率得以大幅度提高，用户可享受多种能源套餐式服务，政府可创新能源管理方式。智慧能源系统是一种安全先进的城市供能模式。发展智慧能源技术，推广综合能源这一新型能源基础设施和新模式新业态，将助力提升我国能源与城市融合发展水平，大幅提高能源利用效率和服务水平，有利于在能源生产、输送、存储、应用和服务等全产业链上实现绿色、安全、高效。

二、能源工程管理的发展模式

2015 年，联合国环境规划署提出了区域能源概念，即通过整合能源生产、公共卫生、污水处理、运输和废弃物处理等市政服务设施，建设现代区域能源系统，协同生产供应热量、冷量、热水和供电，如图 1-1 所示。

图 1-2 为中国国际工程咨询公司提出的综合能源系统架构示意图，与联合国环境规划署提出的区域能源概念基本契合。相较于联合国提出的区域能源概念，综合能源更强调能源与城市融合发展，强调能源供应和环境治理相结合，强调多能互补、梯级利用、循环利用，强调源网荷储协同联动，强调能源一站式服务。综合能源充分利用属地低品位能源，以电力、天然气、氢能等为主供高品位能源，采用智慧能源技术，通过建立综合能源站工程+智慧能源微网工程（包括源网荷储智能微电网和智能微热网），实现多能互补，实现能源的梯级利用循环利用，实现冷热电气水一站式服务，其整体能源利用效率和供能可靠率得以大幅度提高，用户可享受多种能源套餐式服务，政府可创新能源管理方式，是一种安全先进的城市供能模式。

表 1-1 为目前智慧能源技术研究和应用计划表。可以看出，从国际形势来看，智慧能源系统的研究还处于起步阶段。

表 1-1　智慧能源技术的国内外研究计划表

国家	研究内容	研究重点
美国	能源互联网计划	能源生产民主化、能源分配分享互联网化，即组建以可再生能源+互联网为基础的能源共享网
德国	E-Energy 技术创新 促进计划	提出创建一种以 ICT（信息、通信和技术）为基础的新型能源网，核心在于构建未来能源互联网的 ICT 平台，支持配电系统的智能化，并开拓新的创新服务
瑞士	Energy Networks 研究	多能传输系统的利用和分布式能源的转化与存储，开发相应的系统仿真模型和软件工具
中国	"互联网+"行动计划 "互联网+"智慧能源	区域能源互联网内部多能耦合互联的实现形式，多能流的耦合机理和优化调度方式

我国将互联网应用到能源工程管理中，是未来发展的必然方向。有关能源的项目种类繁多，变化多样，而且各种不同的能源组合而成的互补发电站更是五花八门，如何利用互联网的优势搭建能源工程管理平台，还需要解决一些技术上和观念上的问题。

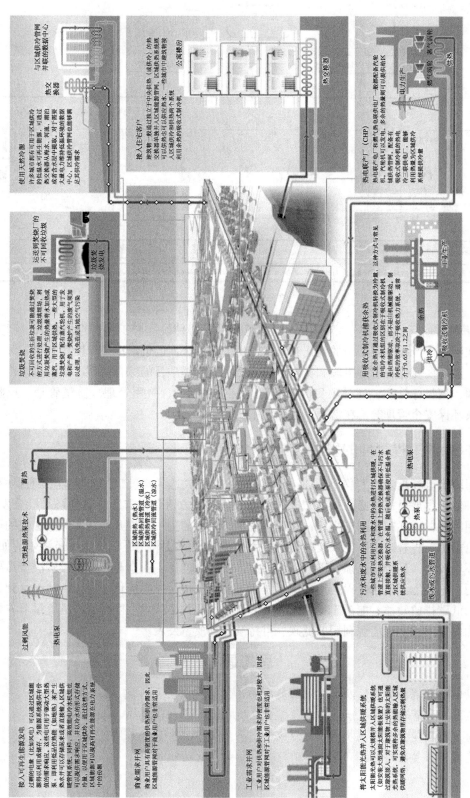

图 1-1　联合国环境规划署提出的区域能源系统架构示意图

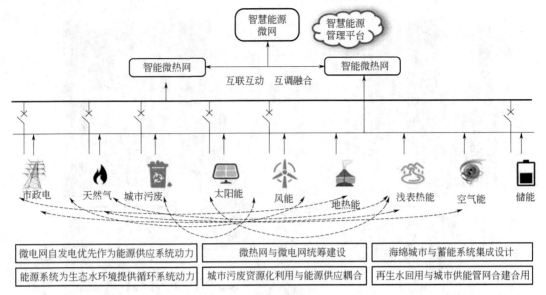

图 1-2　综合能源系统架构示意图

　　"互联网+"行动计划、"互联网+"智慧能源是对传统能源工程管理的提升,即充分利用互联网在生产要素配置中的优化和集成作用,将互联网的创新成果深度融合于能源工程管理中,其主要变化在管理手段和实现方法方面。无论是项目的综合管理、组织管理、人力资源管理、招投标管理,还是项目的合同管理、进度管理、费用管理、质量管理、风险管理、健康环保安全管理等,在能源工程管理中,都必不可少。

三、能源工程管理的发展趋势

　　中国政府已经承诺,力争于 2030 年前二氧化碳排放达到峰值、2060 年前实现碳中和。实现这一低碳发展目标,必须依靠先进的能源工程管理方法和措施。随着经济和社会发展,人类利用能源的形式越来越多样化,能源系统整体效率的进一步提升和环境保护法规的严格要求,给能源工程管理学科的发展提出了更大挑战。能源技术先进性如何,经济效益如何,是否对环境友好,是否有更加低碳的替代方案,都成为能源工业企业经营和投资决策需要考虑的问题。这些能源技术可以运用能源工程管理的方法进行方案优化和设计,从而达到最好的经济和低碳排放效益。能源工程管理的目的就是要寻找出技术上可行、经济上最节省且合理的最优化方案,实现能源利用的低碳、可持续和高质量发展。

思考题

　　1. 我国能源消费特点以及存在的问题主要是什么?

　　2. 能源工程管理的主要研究内容包括什么?

　　3. 简述我国能源利用现状以及能源战略。

　　4. 能源工程管理对生态环境保护的意义和作用是什么?

第二章

能源资源与利用概述

　　能源，是指能量资源或能源资源，是可产生各种能量或可做功的物质的统称。能源是人类活动的物质基础。从某种意义上讲，人类社会的发展离不开优质能源的出现和先进能源技术的使用。当今世界，能源的发展，能源和环境，是全世界、全人类共同关心的问题，也是我国社会经济发展面临的重要问题。本章从能源分类与评价、我国能源资源结构、能源的环境问题以及能源安全四个方面对能源进行一个简单的介绍。

第一节　能源分类与评价

一、能源分类

（一）按利用技术对能源分类

　　按能源利用的技术状况可以分为常规能源和新能源。常规能源也称传统能源，是指在现阶段的科学技术水平条件下，人们已经广泛使用，而且技术比较成熟的能源，如煤炭、石油、天然气、水能等。而新能源又称非常规能源，是指近若干年来开始被人类利用（如太阳能、核能）或过去已被利用现在又有新的利用方式（如风能）的能源，其利用方式是建立在新材料和新技术的基础上的可再生能源，包括太阳能、生物质能、风能、地热能、波浪能、洋流能和潮汐能，以及海洋表面与深层之间的热循环等；此外，还有氢能、沼气、酒精、甲醇等。

（二）按能否再生对能源分类

　　按能源能否再生可以分为可再生能源和不可再生能源。可再生能源是指可长期提供或可再生的能源，如水能、风能、太阳能、地热能、潮汐能等。不可再生能源是指一旦消耗就很难再生的能源，如煤炭、石油、天然气等。

（三）按形成条件对能源分类

　　按能源形成条件可以分为一次能源和二次能源。一次能源（天然能源）是指直接取自自然界而不改变它的形态的能源，如泥煤、褐煤、烟煤、无烟煤、石油、天然气、植物秸秆、水能、风能、太阳能、地热能、核能、海洋能等。二次能源（人工能源）是指一次能源经人为加工成另一种形态的能源，如汽油、水电、蒸汽、煤气、焦炭、沼气等。二次能源又可以分为"过程性能源"和"含能体能源"，电能就是应用最广的过程性能源，而汽油和柴油是目前应用最广的含能体能源。

（四）按能否作为燃料对能源分类

按能否作为燃料可以分为燃料型能源和非燃料型能源。燃料型能源如煤炭、石油、天然气、泥炭、木材等；非燃料型能源如水能、风能、地热能、海洋能。当前化石燃料消耗量很大，而且地球上这些燃料的储量有限。未来铀和钍将提供世界所需的大部分能量。一旦控制核聚变的技术问题得到解决，人类实际上将获得无尽的能源。

（五）按对环境的污染情况对能源分类

按对环境的污染情况可以分为清洁能源和非清洁能源。清洁能源是指使用时对环境没有污染或污染小的能源，如水能、风能、太阳能以及核能等。非清洁能源（污染型能源）是指对环境污染较大的能源。煤炭、石油类能源在燃烧过程中会产生大量二氧化碳、硫氧化物、氮氧化物及多种有机污染物。这些污染物，有的形成酸性降水，破坏环境，影响生态；有的降低大气能见度，产生雾霾；某些有机污染物在阳光作用下又会形成光氧化物，对环境和人体健康造成危害；能源物质中夹杂的重金属元素也会污染土壤、水域等，造成危害。过去认为无害的二氧化碳排放，因会形成城市热岛，并因全球性温室效应使地球升温，也日益受到关注。

（六）按地球上的能量来源对能源分类

按地球上的能量来源可以分为：来自地球外部天体的能源，地球本身蕴藏的能量，地球和其他天体相互作用而产生的能量。

来自地球外部天体的能源，有来自太阳直接照射到地球的光和热能，还有间接地来自太阳的能源，常见的如煤炭、石油、天然气，以及生物质能、水能、海洋热能和风能等。地球本身蕴藏的能量，其中一种是在地球内部蕴藏着的地热能，常见的地下蒸汽、温泉、火山爆发的能量等都属于地热能；另一种是地球上存在的铀、钍、锂等核燃料所蕴有的核能。地球和其他天体相互作用而产生的能量，如太阳和月亮等星球对大海的引潮力所产生的涨潮和落潮所拥有的巨大潮汐能。

二、能源评价

能源评价是指对能源资源的市场需求、发展规划、发展前景、供应潜力、能源分布结构、能源可采储量等的一种价值评估，为能源中长期规划提供能源资源的可获取量、能源的增加速度、能源的生产能力、能源装备技术水平和开发投资及成本等有关信息。

能源评价包括以下十个方面的指标。

（一）储量

储量是能源评价中一个非常重要的指标，作为能源的一个必要条件是储量要足够丰富，储量丰富且探明程度高的能源才有可能被广泛应用。

一种理解认为，对煤和石油等化石燃料而言，储量是指地质资源量；对太阳能、风能、地热能等新能源而言则是指资源总量。另一种理解认为，储量是指有经济价值的可开采的资源量或技术上可利用的资源量。

（二）能量密度

能量密度是指在一定的质量、空间或面积内，从某种能源中所得到的能量。显然，如果能量密度很小，就很难用作主要能源。

太阳能和风能的能量密度很小，各种常规能源的能量密度较大，核燃料的能量密度最大。各种能源的能量密度见表2-1。

表2-1 不同能源的能量密度

能源类别	能量密度 kW/m^2	能源类别	能量密度 kJ/kg
风能（风速3m/s）	0.02	天然铀	5.0×10^8
水能（流速3m/s）	20	^{235}U（核裂变）	7.0×10^{10}
波浪能（波高2m）	30	（核聚变）	3.5×10^{11}
潮汐能（潮差10m）	100	氢	1.2×10^5
太阳能（晴天平均）	1	甲烷	5.0×10^4
太阳能（昼夜平均）	0.16	汽油	4.4×10^4

（三）储能的可能性

储能的可能性是指能源不用时是否可以储存起来，需要时是否又能立即供应。在这方面化石燃料容易做到，而太阳能、风能则比较困难。

（四）供能的连续性

供能的连续性是指能否按需要和所需的速度连续不断地供给能量。显然太阳能和风能就很难做到供能的连续性。因此，常常需要有储能装置来保证供能的连续性。

（五）能源的地理分布

能源的地理分布和能源的使用关系密切。能源的地理分布不合理，则开发、运输、基本建设等费用都会大幅度增加。如我国煤炭资源多在西北，水能资源多在西南，工业区在东部沿海地区，出现"北煤南运""西电东送"等情况。

（六）开发费用和利用能源的设备费用

各种能源的开发费用以及利用该种能源的设备费用相差悬殊。

太阳能、风能不需要任何成本即可得到；各种化石燃料从勘探、开采到加工却需要大量投资。但利用能源的设备费用则正好相反，太阳能、风能、海洋能的利用设备费按每千瓦计算远高于利用化石燃料的设备费。核电站的核燃料费远低于燃油电站，但其设备费却高得多。因此在对能源进行评价时，开发费用和利用能源的设备费用是必须考虑的重要因素，并需进行经济分析和评估。

（七）运输费用与损耗

运输费用与损耗是能源利用中必须考虑的一个问题。太阳能、风能和地热能都很难输送出去，但煤、油等化石燃料却很容易从产地输送至用户。核电站的核燃料运输费用极少，因为核燃料的能量密度是煤的几百万倍，而燃煤电站的输煤就是一笔很大的费用。此外运输中的损耗也不可忽视。

（八）能源的可再生性

在能源日益匮乏的今天，评价能源时不能不考虑能源的可再生性。太阳能、风能、水能等都可再生，而煤、石油、天然气则不能再生。在条件许可和经济上基本可行的情况下，应尽可能地采用可再生能源。

（九）能源的品位

能源的品位有高低之分。水能能够直接转变为机械能和电能，它的品位要比先由化学能转变为热能，再由热能转换为机械能的化石燃料必然要高些。另外，热机中热源的温度越高，冷源的温度越低，则循环的热效率就越高，因此温度高的热源品位比温度低的热源品位高。在使用能源时，特别要防止高品位能源降级使用，并根据使用需要适当安排不同品位能源。

（十）对环境的影响

使用能源一定要考虑对环境的影响。化石燃料对环境的污染大，太阳能、氢能、风能对环境基本上没有污染。因此，在使用能源时应尽可能采取各种措施防止对环境的污染。

第二节　我国的能源资源结构

我国国内各种能源资源在地域分布上都具有不同程度的不平衡性。通过对我国的能源资源结构和利用现状分析，可以从能源生产和消费的平衡关系中，看出我国目前的能源结构的特点和结构是否合理，以及能源有效利用情况。通过分析能源结构的变化，还可预测能源发展的趋势，为今后确定能源发展方向，规划能源生产提供依据。

下面按照传统能源和新能源的分类方式，分别叙述我国的能源资源的开发与利用情况。

一、传统能源资源的开发与利用

传统能源资源也称为常规能源，其中煤炭、石油、天然气、核能等都属于一次性非再生的常规能源，而水能则属于可再生能源。中国能源资源禀赋的特点是"贫油、少气、相对富煤"，大量油气资源需要进口，对外依存度高。

（一）煤炭资源的开发与利用

煤炭是世界上储量最多、分布最广的常规能源，也是重要的战略资源。煤炭广泛应用于钢铁、电力、化工等工业生产及居民生活领域。煤炭资源占我国化石燃料资源的90%以上。煤炭目前和今后很长一段时间都将在中国能源体系中发挥支撑作用。

我国的煤炭资源分布面较广，但绝大部分储量分布在秦岭—淮河以北地区，尤其是晋陕蒙三省区，占到全国总量的63.5%。如图2-1所示，煤炭资源85%以上分布于中西部，沿海地区仅占不到15%。煤炭资源分布具有明显的不平衡性。

（二）石油和天然气资源的开发与利用

石油和天气是重要的战备储存能源，石油工业是中国国民经济的支柱产业。2020年，中国石油国内天然气产量连续达到$1304×10^8 m^3$，同比净增$116×10^8 m^3$，创历史最大增幅，

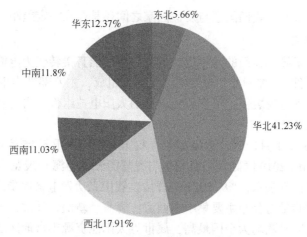

图 2-1　中国煤炭资源地区分布

换算成油当量突破 1 亿吨，并首次超过原油产量，油气结构进一步优化。需要阐明的是，这其中的增幅很大一部分是来自于非常规天然气资源的开发。中国是世界第二大炼油国和石油消费国，第三大天然气消费国，原油对外依存度仍然近 70%，天然气对外依存度超过 40%。加大油气资源尤其是页岩气等非常规天然气资源的开发仍然是中国能源安全的战略任务。

我国的石油、天然气资源主要集中在东北、华北（包括山东）和西北，合计占全国探明储量的 86%，集中程度高于煤炭。储量最大的省区是黑龙江（占 31.85%）、山东（占 18.6%）、辽宁（占 12.7%）和京津冀（占 12.7%），其次是新疆（占 8.1%）、河南（占 4.4%）等。

（三）水能资源的开发与利用

水能虽然属于传统能源，但却是可再生的清洁能源。2014 年的统计数据显示，中国的常规水电装机已达 $2.8×10^8 kW$，发电量约 $1×10^{12} kW·h$，在所有非化石能源中占 76%。水力发电装机容量和大坝数量均居世界第一。

我国的水能资源主要分布在西部和中南部，在全国技术可开发资源量（$3.7×10^8 kW$）中合计占到 93.2%，其中西南占 67.8%。占全国 10% 以上比重的省份有四川（26.8%）、云南（20.9%）和西藏（17.2%），其次为湖北、青海、贵州、广西，各占 3%~8%。与燃料资源主要分布在北方相比，水能资源与其在空间上有较强的区域互补性。

二、新能源的开发与利用

全球气候变化和碳减排正在倒逼并加速着全球能源转型。其中，以太阳能、风能、生物质能、氢能、地热能等新能源的开发和利用技术为主，正在推动新一轮的能源革命。

（一）太阳能资源的开发与利用

太阳能是取之不尽、用之不竭的清洁可再生能源。目前太阳能的利用方式主要有太阳能集热系统、太阳能光伏发电、太阳能光电/光热一体化系统以及其他耦合系统。下面主要介绍太阳能热的开发利用以及太阳能光伏发电系统。

1. 太阳能热的开发利用

太阳能热的开发和利用分为直接利用及太阳能热发电技术。太阳能热水器是直接利用太阳能的最主要途径。目前，我国是世界上太阳能热水器生产和销售量最大的国家。但是从建筑物的太阳能安装率来看，我们国家与发达国家之间还是存在一定差距。

2. 太阳能光伏发电

光伏发电是利用半导体界面的光生伏特效应而将光能直接转变为电能的一种技术。它主要由太阳电池板（组件）、控制器和逆变器三大部分组成，主要部件由电子元器件构成。太阳能电池经过串联后进行封装保护可形成大面积的太阳电池组件，再配合上功率控制器等部件就形成了光伏发电装置。

国家能源局 2018 年 1 月份统计数据显示，我国光伏年发电量首超 1×10^8 MW·h。2019 年 6 月 3 日，在"SNEC2019 国际太阳能光伏与智慧能源（上海）展览会暨论坛"上，中国电源学会副理事长曹仁贤表示，"从 2025 年开始，我国光伏发电将逐步成为主力能源"。

我国太阳能资源储量与分布主要集中在西藏、青海、新疆、甘肃、宁夏、内蒙古。青藏高原的总辐射量和日照时数均为全国最高，属世界太阳能资源丰富地区之一。

（二）风能资源的开发与利用

风能是太阳能的一种转化形式。由于太阳辐射造成地球表面各部分受热不均匀，引起大气层中压力分布不平衡，在水平气压梯度的作用下，空气沿水平方向运动形成风。风能资源的总储量非常巨大，一年中技术可开发的能量约 5.3×10^{13} kW·h。风能是可再生的清洁能源，储量大、分布广，但它的能量密度低（只有水能的 1/800），并且不稳定。在一定的技术条件下，风能可作为一种重要的能源得到开发利用。风能利用是综合性的工程技术，通过风力机将风的动能转化成机械能、电能和热能等。

全球风电装机容量从 2005 年不到 60GW（吉瓦）发展至 2015 年的 430GW。中国的风电装机容量出现了前所未有的增长，从 2005 年的 1.25GW 发展至 2013 年的 91.4GW。2021 年 1 月 19 日，国家能源局公布 2020 年风电新增装机数字为 71.67GW，仅在 2020 年 12 月 1 个月的时间，中国就完成 47.1GW 的新增装机量。

我国风能资源储量与分布主要集中在长江到南澳岛之间的东南沿海及其岛屿，这些地区是我国最大的风能资源区以及风能资源丰富区，包括山东、辽东半岛、黄海之滨，南澳岛以西的南海沿海、海南岛和南海诸岛，内蒙古从阴山山脉以北到大兴安岭以北，新疆达坂城，阿拉山口，河西走廊，松花江下游，张家口北部等地区以及分布各地的高山山口和山顶。

（三）地热能资源的开发与利用

地热资源是指贮存地球内部的可再生热能，一般集中分布在构造板块边缘一带，起源于地球的熔融岩浆和放射性物质的衰变。地热资源是一种十分宝贵的综合性矿产资源，其功能多，用途广，不仅是一种洁净的能源资源，可供发电、采暖等利用，而且还是一种可供提取溴、碘、硼砂、钾盐、铵盐等工业原料的热卤水资源和天然肥水资源，同时还是宝贵的医疗热矿水和饮用矿泉水资源以及生活供水水源。

现已基本测算出，地核的温度达 6000℃，地壳底层的温度达 900~1000℃，地表常温层（距地面约 15m）以下约 15km 范围内，地温随深度增加而增高。地热平均增温率约为 3℃/100m。不同地区地热增温率有差异，接近平均增温率的称正常温区，高于平均增温率的地区称地热异常区。地热异常区是研究、开发地热资源的主要对象。地壳板块边沿，深大断裂及火山分布带等，是明显的地热异常区。

我国地热能的资源储量与分布广泛，其中盆地型地热资源潜力在 2000×10^8 t 标准煤当量以上。全国已发现地热点 3200 多处，打成的地热井 2000 多眼，其中具有高温地热发电潜力有 255 处，预计可获发电装机 5800MW，现已利用的只有近 30MW。主要分布在松辽盆地、华北盆地、江汉盆地、渭河盆地以及众多山间盆地，如太原盆地、临汾盆地、运城盆地等，还有东南沿海福建、广东、赣南、湘南、海南岛等。目前开发利用量不到资源保有量的千分之一，总体资源保证程度相当好。

（四）氢能的开发与利用

氢在地球上主要以化合态的形式出现，是宇宙中分布最广泛的物质，它构成了宇宙质量的 75%，是二次能源。21 世纪氢能有可能在世界能源舞台上成为一种举足轻重的能源，氢的制取、储存、运输、应用技术也将成为 21 世纪备受关注的焦点。氢具有燃烧热值高的特点，是汽油的 3 倍，酒精的 3.9 倍，焦炭的 4.5 倍。氢燃烧的产物是水，是世界上最干净的能源。

氢能被视为 21 世纪最具发展潜力的清洁能源，具有以下五个方面的优点：

（1）资源丰富。氢在自然界中主要以化合物形态存在，如水、碳氢化合物等；其中水占地球表面的 70% 以上，是氢气的丰富来源。

（2）来源多样。氢气可通过石油、煤、天然气等化石能源重整，也可通过生物质裂解或微生物发酵等途径制取；可来自焦化、氯碱、钢铁、冶金等工业副产气；也可通过电解水来制取。其中，电解水制氢的方式因其零污染、制取氢气纯度高、可再循环的特性而备受关注，但缺点是耗电量大、成本高昂。

（3）灵活高效。氢热值高（142kJ/g），是同质量焦炭、汽油等化石燃料热值的 3~4 倍；通过燃料电池可实现综合转化效率 85% 以上。

（4）可储存性。在电力过剩的地方和时间，可以用氢的形式将电能或热能储存起来，在合适的时间和地点再释放，这也是氢能在其他可再生能源中得天独厚的优势。

（5）应用场景丰富。氢能既可以直接为炼化、钢铁、冶金等行业提供高效原料、还原剂和高品质的热源，有效减少碳排放；可以通过燃料电池技术应用于汽车、轨道交通、船舶等领域，降低长距离高负荷交通对石油和天然气的依赖；还可以应用于分布式发电，为家庭住宅、商业建筑等供电供暖。

氢气的使用过程是清洁低碳的，这毫无疑问。但是，氢气的制取是否符合环保要求，依赖于它的制取方式。工业和信息化部原部长、中国工业经济联合会会长李毅中曾经发表过观点："灰氢不可取，蓝氢可以用，废氢可回收，绿氢是方向。"

灰氢是指伴有大量二氧化碳排放而产生的氢，主要以化石能源、煤炭、甲醇制氢为主，其中每生产 1kg 氢，要伴生 5.5~11kg 的二氧化碳，这种制氢方式显然不可取。

蓝氢是指将二氧化碳通过捕集、埋存、利用而避免大量二氧化碳排放的方式，主要是采取蒸汽甲烷重整技术或煤气化加上碳捕捉和贮存制氢。

绿氢是指用可再生能源制氢的方式，如电解水制氢就是一个未来的方向，但因为其成本高昂，耗电量巨大，还需要进一步研发突破。

（五）生物质能的开发与利用

生物质能是一种重要的可再生能源，直接或间接来自植物的光合作用，一般取材于农林废弃物、生活垃圾及畜禽粪便等，可通过物理转换（固体成型燃料）、化学转换（直接燃烧、气化、液化）、生物转换（如发酵转换成甲烷）等形式转化为固态、液态和气态燃料。由于生物质能具有环境友好、成本低廉和碳中性等特点，迫于能源短缺与环境恶化的双重压力，各国政府高度重视生物质资源的开发和利用。近年来，全球生物质能的开发利用技术取得了飞速发展，应用成本快速下降，以生物质产业为支撑的"生物质经济"被国际学界认为是正在到来的"接棒"石化基"烃经济"的下一个经济形态。因此，系统梳理生物质能技术的发展现状及趋势，明确我国发展生物质能面临的挑战并制定未来策略，对推动我国生态文明建设、能源革命和低碳经济发展，保障美丽乡村建设、应对全球气候变化等国家重大战略实施具有重要意义。

生物质能技术主要包括生物质发电、生物液体燃料、生物燃气、固体成型燃料、生物基材料及化学品等。

1. 生物质发电技术

生物质发电技术是最成熟、发展规模最大的现代生物质能利用技术。全球约有 3800 个生物质发电厂，装机容量约为 $6000×10^4kW$，生物质发电技术在欧美发展最为完善。丹麦的农林废弃物直接燃烧发电技术，挪威、瑞典、芬兰和美国的生物质混燃发电技术均处于世界领先水平。日本的垃圾焚烧发电发展迅速，处理量占生活垃圾无害化清运量的 70% 以上。我国的生物质发电以直燃发电为主，技术起步较晚但发展非常迅速。截至 2017 年年底，我国生物质发电并网装机总容量为 $1476.2×10^4kW$，其中农林生物质发电累计并网装机 $700.9×10^4kW$，生活垃圾焚烧发电累计并网装机 $725.3×10^4kW$，沼气发电累计并网装机 $50.0×10^4kW$；我国生物质发电装机总容量仅次于美国，居世界第二位[1,2]。

2. 生物液体燃料

生物液体燃料已成为最具发展潜力的替代燃料，其中生物柴油和燃料乙醇技术已经实现了规模化。2017 年全球生物柴油的产量达到 $3223.2×10^4t$，美国、巴西、印度尼西亚、阿根廷和欧盟是生物柴油生产的主要国家和地区，其中欧盟的生物柴油产量占全球产量的 37%，美国占 8%，巴西占 2%。我国生物柴油生产技术国际领先，国家标准也已与国际接轨，但由于推广使用困难，导致目前国内生物柴油产量呈逐年下滑态势。

3. 生物燃气技术

生物燃气技术已经成熟，并实现产业化。欧洲是沼气技术最成熟的地区，德国、瑞典、丹麦、荷兰等发达国家的生物燃气工程装备已达到了设计标准化、产品系列化、组装模块化、生产工业化和操作规范化。德国是目前世界上农村沼气工程数量最多的国家；瑞典是沼气提纯用于车用燃气最好的国家；丹麦是集中型沼气工程发展最有特色的国家，其中集中型联合发酵沼气工程已经非常成熟，并用于集中处理畜禽粪便、作物秸秆和工业废弃物，大部分采用热电肥联产模式。

我国生物质气化产业主要由气化发电和农村气化供气组成。农村户用沼气利用有着较长的发展历史，但生物燃气工程建设起步于 20 世纪 70 年代。我国目前在生物质气化及沼气制备领域都具有国际一流的研究团队，如中国科学院广州能源研究所、中国科学院成都生物研究所、农业农村部沼气研究所、农业农村部规划设计研究院和东北农业大学等，这为相关研究提供了关键技术及平台基础。近年来，规模化生物燃气工程得到了较快发展，形成了热电联供、提纯车用并网等模式。

4. 固体成型燃料技术

欧美的固体成型燃料技术属于领跑水平，其相关标准体系较为完善，形成了从原料收集、储藏、预处理到成型燃料生产、配送和应用的整个产业链。目前，德国、瑞典、芬兰、丹麦、加拿大、美国等国的固体成型燃料年生产量均可达到 2000×10^4t 以上。我国生物质固体成型燃料技术取得明显进展，生产和应用已初步形成了一定的规模。但近几年，我国成型燃料产业发展呈现先增后降趋势，全国年利用规模由 2010 年的 300×10^4t 增长到 2014 年的 850×10^4t，2015 年后开始回落，主要是因为生物质直燃发电的环境效益受到争议，部分省份甚至限制了生物质直燃、混燃发电项目。此外，我国很多中小型成型燃料生产车间因为环境卫生不达标而被强制关停。

5. 生物基材料及化学品

生物基材料及化学品是未来发展的一大重点，目前，世界各国都在通过多种手段积极推动和促进生物基合成材料的发展。随着生物炼制技术和生物催化技术的不断进步，促使高能耗、高污染的有机合成逐渐被绿色可持续的生物合成所取代，由糖、淀粉、纤维素生产的生物基材料及化学品的产能增长迅猛，主要是中间体平台化合物、聚合物占据主导地位。我国生物基材料已经具备一定产业规模，部分技术接近国际先进水平。当前，我国生物基材料行业以每年 20%~30% 的速度增长，逐步走向工业规模化实际应用和产业化阶段。

作为可再生能源的"核心"，生物质能的开发利用不仅能改善生态环境，有力支撑美丽宜居乡村建设，同时可解决我国农村的能源短缺，推进农村能源革命，并促进绿色农业发展，创造新的经济增长点，是实现能源、环境和经济可持续发展的重要途径。在新时代，生物质资源利用要走综合化、高值化的路径。

（六）海流能资源的开发与利用

海流能是指海水流动的动能，主要是指海底水道和海峡中较为稳定的流动以及由于潮汐导致的有规律的海水流动。海流能的能量与流速的平方和流量成正比。相对波浪而言，海流能的变化要平稳且有规律得多。潮流能随潮汐的涨落每天 2 次改变大小和方向。一般而言，最大流速在 2m/s 以上的水道，其海流能均有实际开发的价值。根据对我国沿岸潮流资源 130 个水道的计算统计，理论平均功率为 13948.52×10^4kW。这些资源在全国沿岸的分布，以浙江为最多，有 37 个水道，理论平均功率为 7090MW，约占全国的一半以上。其次是台湾、福建、辽宁等省份的沿岸也较多，约占全国总量的 42%，其他省区较少。

总体来说，我国能源资源分布同消费分布脱节，无论从每一能源种类或能源总体看，其分布与消费区的分布都很不一致。尽管在能源相对贫乏地区努力进行资源勘探并加大开发强度，有的地区甚至在全国能源生产中的比重已高于其资源比重，然而由于主要经济发达省市几乎都是能源相对贫乏区，随着经济的不断快速增长，能源自给率逐年下降，能源由北而南和由西而东的大量运输将是长期存在的基本态势。

第三节 能源的环境问题

从古至今，人类社会的发展经历了漫长复杂的道路，在由简单到复杂、由低级高级的发展过程中，人类创造了前所未有的文明，但同时也带来了一系列的环境问题。能源是人类社会赖以生存和发展的重要物质基础，但能源开发利用造成的环境污染是导致环境问题日益严重的主要原因。环境问题日益严重成为全球关注的焦点问题。

一、主要环境污染物

(一) 对空气的影响

大气环境和人类生存密切相关，大气环境的每一个因素几乎都可以影响到人类，能源开发利用排出的二氧化碳、二氧化硫、一氧化碳、氮化物与氟化物等有害气体可以改变原有空气的组成，并引起污染，造成全球气候变化。化石燃料的开采运输加工转换和利用都会污染大气环境，尤其是化石燃料燃烧排放。

从我国能源的使用情况看，煤炭、石油、天然气使用过程中排放大量的废气和粉尘是破坏大气环境的主要原因。燃烧煤炭、石油、天然气等化石燃料，会导致二氧化碳排放量的增加，加剧温室效应，造成气候异常，海平面上升，自然灾害增多。燃煤和石油排放的二氧化硫及氮氧化物会形成酸雨，破坏森林植被，造成土壤酸化，农业减产。燃煤造成的悬浮颗粒物（粉尘烟雾等）对人体呼吸系统、产品质量和自然景物等都有不利的影响。部分制冷空调等能量设备排放的氟氯烃类化合物会使大气臭氧层遭到破坏，从而引发南极洲臭氧层空洞，进而使得人类的免疫系统遭到破坏。

我国过去对于化石能源的依赖很强，且我国经济的迅速增长也使得我国不得不开采和使用更多的能源。最近几年，多地出现雾霾天气，$PM_{2.5}$ 也多次超标，酸雨现象也时有发生。

(二) 对生态的影响

我国不合理开发利用能源造成的生态环境破坏包括对动物、植物、微生物、土地、矿物、海洋、河流水分等天然物质要素的破坏，以及对地面、地下的各种建筑物和相关设施等人工物质要素的负面影响。随意砍伐森林，过度开采矿产造成的生物多样性减少、水土流失以及土地荒漠化。开矿对土壤、水体和植被等产生的污染和破坏现象持续发生。煤炭开采引发矿区土体坍塌，地表沉陷，地质灾害频发，洗煤水污染，煤矸石堆积。煤矿大量抽排地下水，引发地下水位下降，导致居民和牲畜发生水荒，进而造成土地贫瘠和植被破坏。开矿产生的重金属被植物叶面土壤和水产品吸收后，通过食物链进入人体，严重危害人类的健康。核能产生放射性污染。生物质能的过度采集和砍伐导致森林植被破坏，造成水土流失加剧、土壤沙化、土地肥力减退、农作物减产等。

(三) 对人居环境造成的影响

能源开发利用干扰了人类生活的空间场所，造成居住环境偏离人们理想中的居住环境，破坏生态环境和大气环境最终都会导致人类生存环境的恶化。能源对人居环境的影响，表现为通过改变与人居有关的其他因素影响人居环境。一般来说，矿区在环保环境、安全环境、人文环境等方面的建设都比较差。因为，化石燃料的燃烧致使二氧化碳、氮氧化合物、TSP（总悬浮颗粒物）、$PM_{2.5}$ 等排放浓度超标，造成空气能见度低，引起酸雨进而腐蚀建筑，抑制植物生长，破坏风景园林景观，导致环境质量下降。秸秆、薪柴、畜粪等生物质能的堆放、储存和使用都会对人居环境带来很多不利的影响，导致农村卫生条件差，疾病蔓延。

二、环境保护展望

(一) 优化能源结构，开发利用清洁能源和可再生资源

解决我国能源发展面临的环保瓶颈，积极应对环境变化问题，必须优化能源结构，转变

现在以化石能源为主到以电力为主。

电力作为清洁的二次能源，电力的大规模利用和替代其他能源（包括电代油、电代煤等），对改善环境，减少大气污染物排放具有重要作用。目前开发利用技术已经非常成熟的水能和比较成熟的核能、风能等清洁能源都应该转换成电力以供便捷使用。太阳能、生物质能、潮汐能等新能源的规模利用方式也主要应该用于发电。此外，大力发展清洁能源和可再生能源同样是改善环境的重要途径。目前主要的清洁能源和可再生能源包括太阳能、风能、氢能、燃料电池、地热能等。清洁能源由于其低排放或排放物无害等优点必然会改善现有能源利用带来的弊端。

（二）　建立能源可持续发展的保障体系

为了实现能源的可持续发展，需要建立能源法律法规与政策，建设能源标准体系。建设能源法制，需要坚持依法规范与引导能源发展相结合，完善能源法律法规体系，加快出台油气行业和原子能发展基本法，及时修订现有法律法规，积极围绕能源领域重大问题开展立法研究，强化法律法规的实施。制定能源标准，严格控制能源利用时产生的排放量。

（三）　倡导节约能源，提高能源效率

美国能源部秘书长塞缪尔·博德曼总结为什么效率和节约应成为寻求解决世界能源问题的第一步时指出"最廉价和最现成的能源是我们浪费的能源"。例如，一定程度上不使用电力，就不需要生产电力和燃料，因此就能避免污染、温室气体排放和巨大的资本成本。

第四节　能源安全

能源安全就是实现一个国家或地区国民经济持续发展和社会进步所必需的能源保障。能源安全取决于经济发展和社会进步对能源消耗的需求以及可供能源的保障程度。国家能源安全是由能源供应保障的稳定性和能源使用的安全性这两个有机部分组成的。第一，能源供应的稳定性（经济安全性），是指满足国家生存与发展正常需要的能源供应保障稳定程度。第二，能源使用的安全性，是指能源消费及使用不应对人类自身的生存与发展环境构成任何威胁。能源供应保障是国家能源安全的基本目标所在，而能源使用安全则是更高的目标追求。

近年来，中国能源安全面临的形势十分严峻。就国内能源形势而言，一方面，随着环保和低碳经济时代的到来，中国的能源结构面临调整的压力，亟须改变以煤炭消费为主的能源结构现状。另一方面，国内能源供应不足日益制约中国的经济发展。就国际能源形势而言，自1993年成为石油净进口国以来，中国石油对外依存度不断攀升。国际能源价格的剧烈波动对于中国的经济发展产生严重影响，此外，中国还面临着能源（石油）供应地局势动荡和能源运输通道受制于人的困境。如何保障能源安全成为事关中国和平发展道路上的重大现实问题。

一、我国的能源安全现状

我国能源安全主要体现在以下三个方面：

（1）中国能源需求持续增长，能源安全结构性矛盾突出。从中国能源需求来看，仍然

处于持续增长态势。另一方面，中国能源生产总体上虽然有所上升，但是，消费结构上存在较大安全问题，能源消费煤炭比重过高，不利于低碳清洁发展。石油和天然气虽然比重较小，但是对外依存度持续走高。

（2）进口通道集中度高，风险评估与安全保障力度不足。中国油气进口来源虽然多元化，但仍集中在中东等少数地缘政治不稳定区域。从进口来源国地理分布来看，主要集中在北非、中东和亚太地区。从进口量来看，中国进口主要来源集中在中东地区。中国油气进口通道较为集中，中国石油有 70%～80% 进口量需要经过霍尔木兹海峡和马六甲海峡，一旦发生战事或被经济封锁，除海峡容易受到控制外，海上运输风险也较大。因此，集中的石油运输通道是当前中国能源安全的重大挑战。

（3）替代能源发展不足，体制机制障碍突出。目前中国替代能源发展不足，体制机制存在发展障碍，其中煤制油、煤制气等煤化工产业以大量耗煤为生产基础，这一过程会带来环境污染，同时也需要水资源保障。中国煤矿资源和水资源逆向分布，煤化工项目多建设在新疆、内蒙古、山西等缺水突出的地区，也给水资源带来污染隐患。电动汽车近年来在中国取得了很大的发展，但仍面临成本偏高、基础设施建设不匹配、行业部门缺乏协调等问题。发展轨道交通是石油替代的重要方面，但投资大，施工难度也较大。清洁能源目前由于量小，很难有较大的影响，且其发展过程中还存在着较大的体制机制障碍。

二、我国的能源安全战略

能源安全是关系国家经济社会发展的全局性、战略性问题，对国家繁荣发展、人民生活改善、社会长治久安至关重要。面对能源供需格局新变化、国际能源发展新趋势，保障国家能源安全，必须推动能源生产和消费革命。为此，习近平总书记就推动能源生产和消费革命提出了"四个革命，一个合作"的要求。"四个革命"即推动能源消费革命，抑制不合理能源消费；推动能源供给革命，建立多元供给体系；推动能源技术革命，带动产业升级；推动能源体制革命，打通能源发展快车道。"一个合作"即是全方位加强国际合作，实现开放条件下能源安全。

我国的能源安全问题需要从两个方面来认识。一方面，我国能源储量较大，能源最为基本的供应基本上能够得到保障，不存在根本性的能源供应不足问题；另一方面，我国能源需求增长迅速，能源使用效率低下，能源浪费严重等原因导致我国部分能源对外依存度上升较快，环境保护压力增大，可见我国从环境保护或者能源使用安全的角度来说问题是较为严重的。

我国关于提高能源安全保障的对策基本上可以归为三类：应对措施，包括建立战略储备、建立能源安全预警与应急措施；直接保障措施，如提高能源效率、加强节能降耗工作、大力发展新能源和石油替代能源等；间接保障措施，如优化产业结构、保持适度经济增长速度、建立能源期货市场等。

三、能源价格与能源安全

能源价格过高或过低都会对宏观经济和人民生活造成冲击。以石油价格波动为例，第一、第二次石油危机导致世界经济全面衰退和多种形式的社会危机，国际石油价格上涨也会对我国经济发展造成多方面影响。在国际油价持续高位运行和国民经济快速增长时期，中国国内能源供给长期处于偏紧状态，石油对外依存度不断上升，对中国这样一个高速发展的能源消费大国来讲，能源价格不断上升，既对国民经济的健康发展造成了一定的冲击，也影响着国民经济的可持续发展。因此，中国应站在全球的高度，充分认识在能源供给保障方面的劣势和优势，制定切合实际的国家能源保障战略，对国民经济和社会的可持续发展起到积极的支撑作用。首先，大规模增加原油战略储备，提升应急能力的同时，保证阶段性能源安全。其次，扩大进口范围，多点开花，降低对单一市场的依赖。第三，我国应该充分发挥能源消费大国的需求优势，积极融入全球石油定价体系，争取定价的参与权、发言权和调控能力，从国际价格的被动承受者变为积极影响者。

思考题

1. 能源评价的主要指标包括哪些？在进行能源评价中，如何综合、科学地考虑这些指标？

2. 简述我国新能源系统开发和利用的现状。

3. 根据你的理解，分析如何通过调整我国的能源利用结构进行环境保护，达到碳减排的目的。

4. 简述我国的能源安全战略。

第二部分

能源工程技术管理

　　本部分主要从节能管理、合同能源管理、储能管理以及智慧能源管理四个层次对能源技术管理展开叙述，并引入一些石油石化企业的能源技术管理案例。

第三章

节能管理

第一节　节能管理概述

根据《中华人民共和国节约能源法》（以下简称《节约能源法》）的规定，用能单位的节能管理就是通过加强组织领导，落实节能目标责任制，编制节能规划，开展能源审计，加快节能技术改造，建立节能激励机制，大力开展节能宣传与培训等工作，将节能管理变被动管理为主动管理，达到自愿、自觉、自主进行节能管理的目的。

一、节能管理的目的

企业节能管理的目的是通过加强节能管理，制定并实施节能计划和节能技术措施，改进能源输入、加工转换、分配输送、终端使用各个环节中存在的问题，推动用能单位实施节能技术改造，提高能源使用效率，降低能源消耗，促进有效合理地利用能源。

二、节能管理的基本要求

节能管理既具有同社会化大生产和生产力相联系的自然属性，表现为对节能过程进行优化，合理而高效地利用能源；又具有同社会关系和社会制度相联系的社会属性；表现为用能单位提供综合竞争优势和国家可持续发展的特殊职能；还表现为综合性、多样性、区域性和系统性的特点，这就对用能单位节能管理提出了以下四点要求：

（1）用能单位的节能管理在制度方面，需要采取行政、法律、经济、技术或者信息支持与公开等多样化的手段；在评价用能方面，需要采用生命周期评价的方法和技术。

（2）节能是一项具有综合性、复杂性和多目标性的庞大系统工程，这就要求用能单位将自身的节能管理法制化、制度化，把节能工作涉及的原则、规范以及该项工作的程序、方法、要求、职责等内容以制度形式确定下来，建立促进节能管理的有效机制。

（3）节能管理标准化的实现将有利于为能源的开发、转换和利用提供技术基础。我国已经出台了能源基础标准、能源管理标准、能源产品标准、能量设备检测和管理标准、用能设备产品质量和性能标准等一系列标准。

（4）节能管理的定量化是实现能源的供需预测、能源的定额管理和管理标准化，制定科学合理的节能规划和节能计划方案等的基础。与此同时，节能管理的定量化也对用能分析、能量平衡、节能监测、能源统计等提出了更高的要求。

三、节能管理的依据和内容

节能管理的主要依据来自三个方面：第一是相关法律、法规和规范；第二是产业政策和准入条件等；第三是相关的行业标准和规范。节能管理的主要内容包括以下十个方面。

（一）建立节能目标责任制和节能考核、奖惩制度

用能单位应制定年度节能目标，通过与政府签订节能目标责任书，将目标层层分解到各车间、班组或个人，形成"人人头上有指标"的良好氛围，明确责任，严格考核，确保节能目标完成。同时为调动广大职工积极性，用能单位还应建立节能考核、奖惩制度，对完成节能考核目标的车间、班组或个人予以物质和精神奖励；对完不成节能考核目标的，予以处罚或通报批评。

重点用能单位还应按照国家和地方要求，编制年度能源利用状况报告，并及时上报节能主管部门。

（二）制定节能计划和加快节能技术进步

为保证能源供应安全及合理利用，用能单位应根据自身实际，制定短期或中长期节能计划，明确节能目标、对象、措施和期限，并为实现该节能计划积极采取行动，包括引进先进技术装备、采用先进生产工艺、加强节能监测及开展能效对标等活动，确保节能计划的落实。

节能要依靠节能技术的进步，用能单位通过加强对节能技术措施管理，积极推进用能设备节能技术进步，提高用能单位经济效益，保护生态环境。节能技术实施后应测试用能设备能耗状况，并与该技术实施前进行比较，评价节能效果和经济效益。当生产运转正常后，应适时修订有关技术文件和能源消耗定额，保持节能效果。

用能单位要紧密跟踪本行业节能技术发展，积极采用新技术、新工艺、新材料、新设备、新能源以及可再生能源，开发节能新技术，鼓励技术创新，推广节能示范工程，加快节能成果的转化。

（三）能效对标管理

用能单位能效对标管理是一种科学、系统、规范的能源管理方法，是用能单位对标管理的一个重要方面，为提高能效水平，与国际国内同行业先进企业能效指标进行对比分析，确定能效标杆指标，通过管理和技术措施，达到能效标杆指标或更高能效指标水平的能源管理活动。

与开展其他对标管理相似，能效对标管理涉及两个基本要素：最佳节能实践和能效对标指标体系。最佳节能实践是指国际国内行业节能先进企业在能源管理中所推行的最有效的节能管理和技术措施；能效对标指标体系是指真实客观地反映用能单位能源管理绩效的一系列的能效指标体系与之相应的作为标杆的一整套基准数据，如单位综合能耗指标、重点工序能耗指标等。

（四）加强对主要用能设备的管理

用能单位在能源利用过程中要加强对主要用能设备的管理，定期开展节能监测。节能监测的内容包括：评价合理使用能源的状况；对供能状况进行监督检测；对用能产品的能耗指

标进行检测、验证；对耗能产品、工序及与产品、工序能耗有关的工艺、设备、管网等进行技术性检测、评价。用能单位根据监测结果，应及时采取措施。对能耗指标超出国家标准的产品、设备和工艺，要依据监测结果和整改建议进行整改；对属于国家强制性淘汰目录中的产品、设备和工艺，要坚决予以淘汰。

（五）执行单位产品能耗限额制度

国家制定了针对钢铁、有色、建材等高耗能行业的高耗能产品能耗限额标准。国家限额标准从产品限额限定值、先进值和新建项目准入值三个层次对高耗能产品提出要求；用能单位应严格按照标准要求，建立产品、工序能耗计量统计体系，收集和汇总能耗测试数据，计算出单位产品能耗值，并与相应标准进行比对，发现问题，及时采取措施予以改进。

（六）设立能源管理岗位，聘任能源管理负责人制度

《节约能源法》第五十五条规定："重点用能单位应当设立能源管理岗位，在具有节能专业知识、实际经验以及中级以上技术职称的人员中聘任能源管理负责人，并报管理节能工作的部门或有关部门备案。"同时，该条第二款还对能源管理负责人的职责做出了明确规定："能源管理负责人组织对本单位用能状况进行分析、评价，组织编写本单位能源利用状况报告，提出本单位节能工作的改进措施并组织实施。"这是国家法律对重点用能单位及能源管理负责人提出的明确要求。

重点用能单位应当严格按照《节约能源法》有关要求，设立能源管理岗位，聘任能源管理负责人，并加强对能源管理负责人的节能培训。

（七）节能项目管理

为加强对节能项目管理，达到预期节能效果，用能单位应制定管理文件，对节能项目的启动、实施、验收等各个环节进行系统管理，规范协调节能项目推进过程中的各项工作。管理文件内容包括：可行性研究；节能评估和审查设计、施工方案和实施；寿命周期效益评价。

每一项节能项目的实施，都应明确主要负责单位和责任人，以及配合单位和责任人。重大节能技术改造项目及对生产影响较大的节能项目，应严格执行国家的产业政策，确保项目顺利实施。

（八）加强对外交流与合作，创新节能形式

用能单位在加强内部节能管理的同时，不应故步自封，还应积极扩大对外交流，充分利用和发挥节能服务机构与行业协会在节能工作中的优势及桥梁、纽带作用，创新发展模式，采用合同能源管理、电力需求侧管理等节能新机制。

积极参加各种形式的行业研讨会、学术交流会或技术培训班，增强与同行业的交流与学习，从而更好地了解并掌握本行业的发展状况、经济技术动态、能源利用效率和节能工作进展，取人之长，补己之短，使自身节能管理的水平不断提高。

（九）开展节能宣传教育和节能培训工作

开展节能宣传和节能培训工作是落实节约资源基本国策的一个重要体现，《节约能源法》规定"国家开展节能宣传和教育，将节能知识纳入国民教育和培训体系，普及节能科学知识，增强全民的节能意识，提倡节约型的消费方式"，从法律上对开展节能宣传教育和

节能培训进行了规定。用能单位应建立节能培训和宣传教育机制，通过宣传国家节能法规政策，传达上级节能精神，开辟学习园地，提供节能小常识及先进节能技术知识，创办厂报、黑板报、张贴宣传栏、宣传标语，举办和参加节能培训、知识竞赛等形式多样的宣传教育活动。提高员工的节能意识，形成人人主动节能、人人参与节能的工作氛围，形成自身节能文化。不断增强职工的节能忧患意识、危机意识和责任感、使命感，使其投身到节能活动中，节约一度电、一滴水、一滴油、一块煤、一张纸，自觉养成节能环保的好习惯，形成节约型的生产方式和消费方式。

（十）建立遵法贯标机制，接受政府管理和社会监督

用能单位遵守节能法律、法规、政策及标准是进行节能管理活动的最基本要求。目前国家在这方面已出台了很多的法律法规、政策和标准，如《节约能源法》、《中华人民共和国循环经济促进法》（以下简称《循环经济促进法》）、《中华人民共和国可再生能源法》（以下简称《可再生能源法》）、《中华人民共和国清洁生产促进法》（以下简称《清洁生产促进法》），以及针对重点行业制定的单位产品能耗限额标准等。

用能单位应建立信息收集机制，及时地搜寻和识别涵盖本单位能源、节能管理的法律法规、政策和标准，并积极配合节能行政主管部门的节能管理，接受社会舆论监督，为分析和改善自身用能状况，制定和调整节能计划提供依据。

第二节　夹点分析法

以化工厂节能夹点分析为例。一个典型的化工过程系统包括以下三个组成部分：反应分离部分、换热部分和公用工程部分，其设计过程可用图 3-1 所示的"洋葱模型"来表示。在以往的设计中，各个部分间的设计是相对独立的，如分离部分给公用工程部分提出了所需的热量以及温度，而公用工程部分则把分离部分提出的需求当作是不能改变的，因此，各部分之间是机械地结合在一起，没有形成一个有机的整体，这样必然会造成许多不合理的能量使用状况。

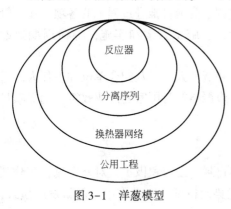

图 3-1　洋葱模型

随着能源资源的匮乏，特别是能源危机以及环境保护的要求越来越高，对化工过程的设计提出了更高要求，要求资源高效利用、能量消耗最少以及实现污染排放物最小。这使得设计的过程单元与单元之间的联系更加密切，系统的信息含量越来越多，反映在装置上即为其集成度越来越高。过程集成即是在这种背景下所产生的一个新的研究方向，因此，过程集成最终目标是使得设计的过程效率最高——实现多目标最优设计。

从广义上讲，过程集成技术产生的内在因素是过程系统工程发展到一定程度，在过程模拟、过程综合、过程的热力学第二定律分析及过程改造等分支研究内容基础上的一种"集成技术"。外在因素是资源匮乏、能源紧张以及环境保护对化工过程的设计提出了更高的要求。

从狭义上看，过程集成技术最初是从能量密集型的过程设计中，以提高能量利用效率为目标而发展起来的。具体的理论和方法产生于换热网络综合问题的研究。最初是以热力学第二定律分析为基础，用有效能的概念来探讨能量的合理利用。Linnhoff 和 Hindmarsh 相继在这方面进行了开创性的研究工作。它们先后发现了过程系统内的能量流动存在着夹点，后来，将这一发现应用于全过程系统的能量分析及有效利用，逐渐形成了称为"夹点技术"的节能过程设计方法。目前夹点技术已成为最主要的过程集成技术，其精髓在于确定过程设计所能达到的目标（包括能量、设备、原材料费用以及柔性等），并将所确定的目标在实际设计中加以实施，形成了化工过程集成的基础及方法。

夹点分析法是过程集成领域中的重大突破之一，在新设计中应用这种方法，相比传统方法操作成本降低 30%～50%，投资节省 10%～20%，用于老旧装置节能改造，可节能 20%～30%，投资低，节能效果好，在工业生产领域得到了广泛的应用，产生了巨大的经济效益。夹点分析法不仅用于节能，还用于在增产中解除系统用能的"瓶颈"，减少环境污染。

随着夹点分析法的发展和完善，其不仅局限于热力学问题，还用于水系统设计，用夹点分析法对过程系统的用能、用水状况进行诊断，可找到过程系统用能的制约因素所在，在炼厂和化工厂中的应用可节水 20%～30%，在解决水资源危机方面有显著优势。夹点分析法在换热网络、水网络中的应用可为国民经济的发展带来巨大的经济效益和社会效益。

一、夹点技术基本原理

在过程工程操作中，定义待冷却的流体为热物流，待加热的流体为冷物流。冷热物流采用质量流率、比定压热容以及入口和出口的温度描述，对某一个操作过程，有

$$\Delta H = \dot{m} c_p \Delta T = CP \Delta T \tag{3-1}$$
$$\Delta T = T_{in} - T_{out}$$

式中　ΔH——操作前后的物流焓差；

$\dot{m}$——物流质量流率；

c_p——比定压热容；

CP——热容流率；

ΔT——经过操作单元后的温度差。

在式（3-1）中，假定 CP 与温度无关，其随着物流温度的变化可以忽略。类似地，对于有相变发生的过程，可以引入一个很小的温差（对于纯流体和共沸混合物可以任意给定）或者相变温差（非共沸混合物）和等价比定压热容 c_p（定义为潜热与温差的比）。

（一）夹点的定义

在过程工业的生产系统中，通常有若干股冷物流需要被加热，而又有另外若干股热物流需要被冷却，考虑一个简单的四股物流的例子，见表 3-1。

表 3-1　物流和温度

物流编号和类型	CP(kW/K)	T_{in}(℃)	T_{out}(℃)
C_1 冷流	2	20	135
H_1 热流	3	170	60
C_2 冷流	4	80	140
H_2 热流	1.5	150	30

对于一个可行的冷热物流之间的换热，首先需要知道物流之间的最小温差 $\Delta T_{\min}$，最小传热温差可由经验值给定，需考虑公用工程和设备投资的价格、换热工质、传热系数、操作弹性等因素的影响。

通常采用一个特殊的温度标度——偏移温度来表示所有的物流，偏移温度通过将高温热流温度向下平移 $\frac{1}{2}\Delta T_{\min}$，将低温热流温度向上平移 $\frac{1}{2}\Delta T_{\min}$ 得到。

表 3-1 中简单四股物流的偏移温度见表 3-2，此处假定最小温差 $\Delta T_{\min}$ 为 10℃。

表 3-2 物流和偏移温度

物流编号和类型	$CP(\text{kW/K})$	$T_{\text{in}}(℃)$（平移后）	$T_{\text{out}}(℃)$（平移后）
C_1 冷流	2	25	140
H_1 热流	3	165	55
C_2 冷流	4	85	145
H_2 热流	1.5	145	25

得到偏移温度标度，那么冷热物流可表示为如图 3-2 所示的形式。

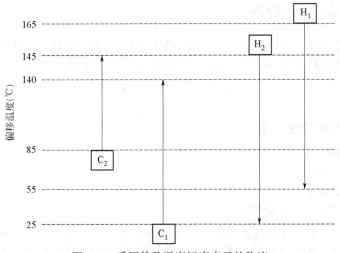

图 3-2 采用偏移温度标度表示的物流

图 3-2 表示一股物流的起始点（带标签的方块）和终点（箭头），从图中可以获得冷热物流共存的温度区间，在这些区间内，冷热物流进行换热。

接着，需要确定每个温区的热平衡，通过热平衡确定温区内是热量盈余还是热量亏损，从最高一级的温度区间开始对所有温度区间进行热平衡计算就构成了热级联，因为较高温区的热量盈余会向较低的温区传递，相当于上下温区串联起来，每个单元都构成一个传热过程的串级结构。

如表 3-3 所示，对于每一个温区，可以计算出热量盈余或亏损，在第 i 个温区的热量盈余可用来补偿第 $i+1$ 个温区的热量亏损（因为温区 i 比温区 $i+1$ 的温度更高），这样的级联结构可以省去用于吸收温区 i 盈余热量的冷却装置和给温区 $i+1$ 提供热量的加热装置。

表 3-3　每个温区的热量盈余和亏损

温区编号	ΔT_i（℃）	$\sum CP_{hot} - \sum CP_{cold}$（kW/℃）	ΔH_i（kW）
1（165~145℃）	20	3.0	60
2（145~140℃）	5	0.5	2.5
3（140~85℃）	55	−1.5	−82.5
4（85~55℃）	30	2.5	75
5（55~25℃）	30	−0.5	−15

如果在 165℃没有装置提供热量，那么在两个级联间进行热平衡计算，可以计算出每个温区累计的净热量，见表 3-4。

表 3-4　每个温区净热量级联

温度（℃）	ΔH_i（kW）	ΔH_{net}（kW）
165		0
	60	
145		60
140	2.5	62.5
	−82.5	
85		−20
	75	
55		55
	−15	
25		40

某一个温度区间的净累计热量不能为负（意味着热量不能从冷物流向热物流传递），为了使热级联热力学上可行，需要以某种方式提供热量消除负的净热量，在此例中，需要从最高温度处提供 20kW 的热量，如表 3-5 所示。

表 3-5　外界提供热量后净热量级联

温度（℃）	ΔH_i（kW）	ΔH_{net}（kW）
165		20
	60	
145		80
	2.5	
140		82.5
	−82.5	
85		0
	75	
55		75
	−15	
25		60

建立热级联后，如果所有的热量盈余都用于加热冷物流，就可以确定过程系统所需要的热量，这个供热量就是需要供热装置提供的最小能量（最小加热公用工程用量），其值可以很容易由热级联顶部读出。在热级联最底部，可以看出所有的热量盈余都没有被利用，必须通过冷却装置冷却，这个冷却热量就是需要冷却装置冷却的最小能量（最小冷却公用工程用量）。由热级联还可以看出，热级联中某个温度下传递的净热量为 0（此例中为 85℃），这一点定义为过程的夹点。

以上通过列表格确定夹点的方法称为夹点分析的问题表法，根据问题表法可以精确地确定夹点温度、最小加热公用工程和最小冷却公用工程的用量，并可看出热流量沿温位的分布。

（二）复合曲线和总复合曲线

复合曲线用来在图上同时对热物流、冷物流及其之间的传热进行可视化，它用作图的方法表示热级联以及确定夹点位置。当有多股热流和多股冷流进行换热时，可将所有的热流合并成一根热复合曲线，所有的冷流合并成一根冷复合曲线，然后将二者一起表示在 $T\text{-}Q$ 图上。在 $T\text{-}Q$ 图上可以形象、直观地表达过程系统的夹点位置。热物流线的走向是从高温向低温，冷物流线的走向是从低温到高温，系统的冷热复合线表明了系统的热流量沿温位的分布。对于每个温度区间采用原温度标度分别计算热物流和冷物流的总热量，对热物流和冷物流作 $T\text{-}Q$ 图，物流的热量 Q 用横坐标两点之间的距离（即焓差 ΔH）表示：

$$\Delta H_{\text{hot},i} = \sum CP_{\text{hot},i} \times \Delta T_i \tag{3-2}$$

$$\Delta H_{\text{cold},j} = \sum CP_{\text{cold},j} \times \Delta T_j \tag{3-3}$$

式中，i 表示热物流中的第 i 个热物流，j 表示冷物流中的第 j 个冷物流，这样就使原来的多条冷热物流物线分别合成一条冷热物流复合曲线。

热复合曲线和冷复合曲线在某点重合时，可以由 $T\text{-}Q$ 图确定过程需要的最小加热和最小冷却用量，这与采用热级联计算时得到的结果一样。此时过程中回收的热量最大，供热装置和冷却提供的能量最小。冷热复合曲线在某点重合时为该系统内部换热的极限，该点的传热温差为零，该点即为夹点。

当冷热复合曲线在夹点处重合时，夹点处的传热温差为零，操作时就需要无限大的传热面积，这样既不现实也不经济。热复合曲线必须在冷复合曲线上方，确保传热可以进行，可通过对设备费用和能量费用的技术经济评价确定一个系统最小的传热温差——夹点温差 $\Delta T_{\min}$。因此，夹点即为冷热复合线上传热温差最小的地方，两条复合曲线之间的最小温差（$\Delta T_{\min}$）保证了换热网络技术和经济上可行。热复合曲线横坐标从零点开始，绘制冷复合曲线时要使其与热复合曲线之间的最小距离为 $\Delta T_{\min}$。

对于表 3-1 列举的四股物流的例子，其冷热复合曲线如图 3-3 所示。

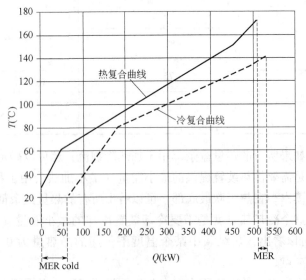

图 3-3　冷热复合曲线

由图 3-3 中，可以获得夹点以及过程需要的最小加热和冷却量，与采用问题表法得到的结果一致，夹点位置为冷热物流复合曲线之间距离为 ΔT_{min} 时的温度，过程所需最小加热量和最小冷却量分别是冷热复合曲线终点之间（MER）和起点之间（MER cold）的差。

此外，也可采用冷热物流偏移温度绘制偏移冷复合曲线和偏移热复合曲线，此时，两条曲线在夹点（P 点）重叠，如图 3-4 所示。

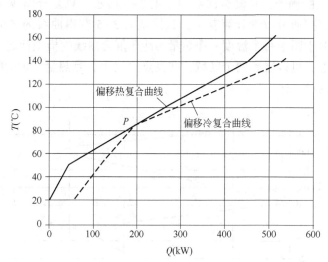

图 3-4　采用物流偏移温度得到的复合曲线和夹点

以上给出了确定夹点位置的两种方法——$T\text{-}Q$ 图法和问题表法。

1. $T\text{-}Q$ 图法

在 $T\text{-}Q$ 图上可以形象、直观地表达过程系统的夹点位置。为确定过程系统的夹点，需要给出下列数据：所有过程物流的质量流量、组成、压力、初始温度、目标温度，以及选用的冷热物流间匹配换热的最小允许传热温差。用作图的方法在 $T\text{-}Q$ 图上确定夹点位置的步骤如下：

（1）根据给出的冷、热物流的数据，在 $T\text{-}Q$ 图上分别作出热物流组合曲线及冷物流组合曲线。

（2）热组合曲线置于冷组合曲线的上方，并且让两者在水平方向相互靠拢，当两组合曲线在某处的垂直距离刚好等于 ΔT_{min} 时，该处即为夹点。

2. 问题表法

当物流较多时，采用复合温焓线很烦琐，且不够准确，此时常用问题表法来精确计算。问题表法的步骤如下：

（1）以冷、热流体的偏移温度为标尺，划分温度区间。冷热流体的偏移温度相对热流体下降，相对冷流体上升，这样可保证在每个温区内热物流比冷物流高。

（2）计算每个温区内的热平衡，以确定各温区所需的加热量和冷却量。

（3）进行外界无热量输入时的热级联计算，即计算外界无热量输入时各温区之间的热通量。此时，各温区之间可有自上而下的热通量，但不能有逆向的热通量。

（4）为保证各温区之间的热通量≥0，根据第（3）步计算结果，确定所需外界加入的最小热量，即最小加热公用工程用量。

（5）进行外界输入最小加热公用工程量时的热级联计算。此时所得最后一个温区流出的热量，就是最小冷却公用工程用量。

（6）温区之间热通量为零处，即为夹点。

由上述的计算步骤可见，根据问题表可以精确地确定夹点温度、最小加热公用工程和最小冷却公用工程用量，并可看出热流量沿温位的分布。

对于表3-1给出的例子，总复合曲线图如图3-5所示。总复合曲线（GCC）是热级联的图形表示，可以直接通过数学计算获得，直接从表3-5获得曲线的坐标，也可从图3-5中获得曲线坐标，对于图中每个温度，净热量为冷热复合曲线的横坐标之差。

在总复合曲线上，可以看到两个区域，在夹点 P 之上，是热量亏损的吸热区，在夹点 P 之下，是需要冷却的放热区。

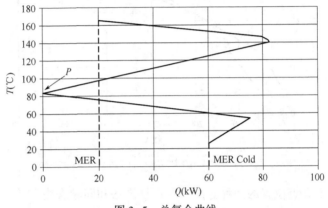

图3-5　总复合曲线

二、夹点的意义

夹点具有两个特征：一是该处冷、热物流的传热温差最小，刚好等于 $\Delta T_{\min}$；二是该处过程系统的热流量为零。由这些特征，可以理解夹点的意义如下：

（1）夹点处热、冷物流间传热温差最小，等于 $\Delta T_{\min}$，它限制了进一步回收过程系统的能量，构成了系统用能的"瓶颈"，若想增大过程系统的能量回收，减小公用工程负荷，就需要改善夹点，以解"瓶颈"。

（2）夹点处过程系统的热流量为零，从热流量的角度上（或从温位的角度上），它把过程系统分为两个独立的子系统，如图3-6（a）所示。夹点上方为热阱，只有换热和加热公用工程，没有任何热量流出；夹点下方为热源，只有换热和冷却公用工程，没有任何热量流入。

如果在夹点之上热阱子系统设置冷却器，用冷却公用工程移走部分热量，其量为 β，根据夹点之上子系统热平衡可知，β 这部分热量必然要由加热公用工程额外输入，结果加热和冷却公用工程量均增加了 β。同理，如果在夹点之下热源子系统上设置加热器，冷却公用工程量也相应需要增加。

如果发生跨越夹点的热量传递 α，即夹点之上热物流与夹点之下冷物流进行匹配，则根据夹点上下子系统的热平衡可知，夹点之上的加热公用工程量和夹点之下的冷却公用工程量均相应增加 α，如图3-6（b）所示。

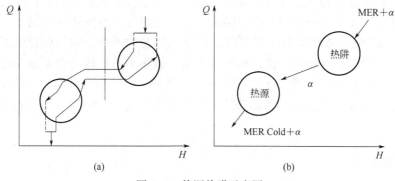

图 3-6　热源热阱示意图

三、夹点设计原则

夹点将上述问题分成两个独立的区域，据此可以定义三个原则，遵循此三个原则可以设计一个换热网络，选择最佳匹配装置，获得更高的能源利用效率和最小能量需求。

夹点方法的设计原则是：

（1）夹点之上不应设置任何公用工程冷却器；

（2）夹点之下不应设置任何公用工程加热器；

（3）不应有跨越夹点的传热。

实际上，计算出热级联后，某个温区的盈余热量可能在下个温区有用，因此如果有跨越夹点的换热，用夹点之上的热量盈余为夹点下的物流提供热量，这部分热量就不能再在夹点之上提供热量，在夹点处导致更高的热量亏损，因此加热量和冷却量增加。

四、采用 GCC 曲线确定公用工程目标

GCC 曲线表示在每个温位需要的加热量和冷却量。如图 3-7 所示，夹点之上总复合曲线的终点的热量值为加热装置需要提供的最小能量，夹点之下终点的热量值代表了冷却装置需要提供的最小能量。在总复合曲线上会出现一些折弯处（这些部分也可称为"自给自足的口袋"），这表示在它们相对应的温位范围内的热量或冷量不需要外界的公用工程提供，系统内部换热即可满足，即在该部位系统的局部热源（或热阱）可以满足系统的局部热阱

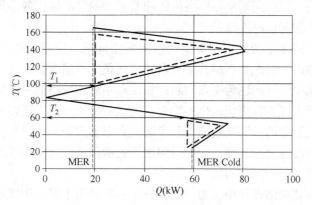

图 3-7　总复合曲线中的"口袋"

（或热源）。过程所需要的加热量和冷却量可以通过总复合曲线反映出来，因此根据总复合曲线可以确定系统所需要的公用工程的温位，以及各温位下所需要的公用工程的量，如在 T_1 温位下，只需要 20kW 的加热公用工程，如果在该温位下供应的加热公用工程的量大于 20kW，则加热公用工程系统的冷流之间的传热温差就小于系统的夹点温差，违背了夹点匹配的原则，如果小于 20kW，则其差值就需用高一级的公用工程来提供，造成能量的降级损失。同理，若在 T_2 温位处加入的冷却公用工程的量大于或小于 60kW，那么冷却公用工程的配置也不合理。

五、阈值问题

并非所有的换热网络问题都存在夹点，只有那些既需要加热公用工程又需要冷却公用工程的换热网络问题才存在夹点。只需要一种公用工程的问题，称为阈值问题。

有些系统，当冷、热复合曲线距离较远时，既需要加热公用工程又需要冷却公用工程，是夹点问题；向左平移冷复合曲线，冷却公用工程消失，只剩下加热公用工程，成为阈值问题，此时的最小传热温差称为阈值温差，记作 ΔT_{THR}。因此，这样的系统属于阈值问题还是属于夹点问题，取决于夹点温差和阈值温差谁大谁小。若 $\Delta T_{THR} < \Delta T_{min}$，则属于夹点问题，因为系统不允许温差小于夹点温差；反之，若 $\Delta T_{THR} \geq \Delta T_{min}$，属于阈值问题。对于阈值问题，若继续左移冷复合曲线，使最小温差小于阈值温差但大于夹点温差，此时加热公用工程总量不再变化，但温位有所变化。

夹点问题的公用工程用量随最小传热温差的减小而减少。而阈值问题则不同，当最小传热温差大于阈值温差时，公用工程用量随最小传热温差的减小而减少；但当最小传热温差小于阈值温差时，公用工程用量将保持不变。

对于阈值问题，虽然继续减小传热温差，公用工程用量不变，但这并不意味就不存在能源费用与投资费用之间的权衡。因为传热温差的进一步降低，对于只需要加热公用工程的阈值问题，使一部分加热公用工程的需求温度降低，加热公用工程量的数量不变、温度降低，整个换热过程火用损失降低，加热公用工程费用降低。对于只需要冷却公用工程的阈值问题，因为传热温差的降低，使一部分冷却公用工程的需求温度升高，这样，或者可以利用较高的余热产生蒸汽，或者可以减少较低温度冷量的需求，使整个换热过程烟损失降低，冷却公用工程费用降低。但此时由于传热温差的降低，使换热面积增加，投资费用增加。所以，仍然存在一个优化的问题。

但相对夹点问题，阈值问题换热网络的匹配有更大的灵活性，各换热匹配不受所谓夹点温差的限制，可根据实际情况安排。

夹点问题与阈值问题是两种不同类型的换热网络问题，应当采取不同的设计方法。因此，当设计换热网络时，首先要判断其是夹点问题还是阈值问题。如果公用工程用量一直随最小温差的减小而减少，该问题为夹点问题。如果最小温差减小到一定程度后，一种公用工程消失，另一种公用工程不再变化，也不能肯定这就是阈值问题，还要进一步判断。这次的判断是根据最优夹点温差的计算来确定。若最优夹点温差大于阈值温差，则表示系统既需要加热公用工程也需要冷却公用工程，为夹点问题；若最优夹点温差小于或等于阈值温差，则表示一种公用工程消失，为阈值问题。

在阈值问题的换热网络设计中，为了确保只用一种公用工程，应该进行以下设计：对于只需要加热公用工程的阈值问题，可以将其视为只有夹点之上部分，应从低温侧开始设计，以保证较低温度下的热流体的热量能传给冷流体；而对于只需要冷却公用工程的阈值问题，可以将其视为只有夹点之下部分，应从高温侧开始设计，以保证较高温度下的冷流体能从热流体获取热量。

六、换热网络优化综合

换热网络的综合有两种类型：一种是新换热网络的设计综合，另一种是原有换热网络的优化综合。前面几节所介绍的均是新换热网络的综合方法。

一般说来，换热网络的优化综合比新换热网络的设计更为复杂，受到的约束更多，要考虑的因素也更多。首先，希望尽量保持原有的系统结构，主要的工艺设备例如反应器、精馏塔等尽量不动；其次，希望尽可能地利用原有的换热器。例如，工艺设备的位置已定，某些流股会因为距离太远而不便进行换热；又比如，为了不更换流体输送泵，有时需要限制换热器中的流速或新增换热器的数目，以免流体压降过大。因此，在优化综合中，各种因素都要综合考虑。

当考虑对一个现行的换热网络进行节能优化时，通常要分析以下几个问题：（1）现行的换热网络是否合理？（2）若不合理，哪些用能环节不合理？（3）系统有多大的节能潜力？（4）应如何进行节能优化？要回答这几个问题，可以根据夹点技术及前文给出的设计原则。

换热网络优化步骤如下：

（1）确定夹点温差。

（2）分析现有网络中违反夹点原则的匹配。

（3）去掉夹点之上的冷却器和夹点之下的加热器，消除跨越夹点的匹配。

（4）换热网络的进一步调优。为恰当地使用原换热器，需要对一些换热器的热负荷进行调整；或为保留原换热网络流程结构不变，尽量减少物流的分支。

这是比较理想化的换热网络优化步骤，可以针对比较简单的系统。对于复杂系统，虽然原理上仍适用，但要考虑的实际问题要多得多。

第三节　㶲分析法

热力学第一定律说明了不同形式的能量在转换时，数量上的守恒关系，但是它没有区分不同形式的能量在质上的差别。

热力学第二定律指出能量转换的方向性。它指出，自然界的一切自发的变化过程都是从不平衡状态趋于平衡状态，而不可能相反。例如，热能自发地从高温传向低温，高压流体自发地流入低压空间等。相反的过程，如让一杯温水中的一半放出热量变为冷水，另一半吸收热量变为热水，虽不违反热力学第一定律，但这样的过程不可能自发地发生。绝热节流过程是节流前后能量不变的过程，但是节流后的压力降低，能量的质量下降。

不同能量的可转换性不同，反映了其可利用性不相等，也就是它们的质量不同。当能量已无法转换成其他形式的能量时，就失去了它的利用价值。能量根据可转换性的不同，可以分为三类：

第一类，可以不受限制地、完全转换的能量，如电能、机械能、位能（水力等）、动能

（风力等），称为"高级能"。从本质上来说，高级能是完全有序运动的能量。它们在数量上与质量上是统一的。

第二类，具有部分转换能力的能量，如热能、物质的热力学能、焓等。它只能一部分转变为第一类有序运动的能量，即根据热力学第二定律，热能不可能连续地、全部变为功，它的热效率总是小于1。这类能属于"中级能"。它的数量与质量是不统一的。

第三类，受自然界环境所限，完全没有转换能力的能量，如处于环境状态下的大气、海洋、岩石等所具有的热力学能和焓。虽然它们具有相当数量的能量，但在技术上无法使它转变为功。所以，它们是只有数量而无质量的能量，称为"低级能"。

从物理意义上说，能量的品位高低取决于其有序性。第二、第三类能量是组成物系的分子、原子的能量总和。这些粒子的运动是无规则的，因而不能全部转变为有序的能量。

一、㶲的概念

为了衡量能量的可用性，提出以"可用能"或"㶲"（exergy）作为衡量能量质量的物理量。它定义为：在一定环境条件下，通过一系列的变化（可逆过程），最终达到与环境处于平衡时，所能做出的最大功。或者说，某种能量在理论上能够可逆地转换为功的最大数量，称为该能量中具有的可用能，用 Ex 表示。由此可见，㶲是指能量中的可用能那部分，即能量可分成"可用能"和"不可用能"两部分，将可用能称为㶲；不可用能称为炻（anergy），用 An 表示：

$$E = Ex + An \tag{3-4}$$

对环境状态而言，能量中没有可用能部分，即对于低级能，$Ex = 0$，$E = An$；

对高级能，能量中全部为可用能，即 $E = Ex$，$An = 0$；

对热能这样的中级能，$E > Ex$，$E = Ex + An$。

根据热力学第一定律，在不同的能量转换过程中，总㶲与总炻之和（即总能量）应保持不变；根据热力学第二定律，总㶲只可能减少，最多保持不变。

㶲参数的引出，为正确评价不同形态的能量、不同状态的物质的价值提供了统一的标尺。由此而建立的热系统㶲平衡分析法，结合热力学第一、第二定律。比起由热力学第一定律得出的能量平衡方法更科学、更合理。㶲平衡法为热系统经济分析提供了热力学基础。

对热工设备或能源系统能量形态的变化过程进行分析，定量计算能量有效利用及损失等情况，找到造成能量损失的部位和原因，以便提出改进优化措施，并预测优化后的效果。㶲分析是一种能量平衡分析方法，㶲分析是不仅考虑能量的数量，还考虑能量的质量。分析流程为：

（1）定量计算能量（㶲）的各项收支、利用及损失情况。收支保持平衡是基础，能流的去向中包括收益项和各项损失项，根据各项的分配比例可以分清其主次。

（2）通过计算效率，确定能量转换的效果和有效利用程度。

（3）分析能量利用的合理性，分析各种损失大小和影响因素，提出改进的可能性及改进途径，并预测改进后的节能效果。

（一）热量㶲

如上所述，热能是属于第二类能量。它具有的可用能（㶲值）取决于它的状态参数（温度、压力等），同时与环境状态有关。当参数与环境相同，即与环境处于平衡状态时，其㶲值为零。但是，只要与环境处于不平衡状态，它就具有一定的㶲值。在向环境趋向平衡的变化过程中，能够做出功。

热量是一个系统通过边界以传热的形式传递的能量。系统所传递的热量在给定环境条件下，用可逆方式所能做出的最大功称为该热量的㶲。

热量所能转变为功的数量与它的温度水平有关。如果从热力学温度 T 的恒温热源取得热量 Q，当环境温度为 T_0 时，根据卡诺定理，通过可逆热机它能转换为功的最大比例（最高效率）是取决于卡诺热机的效率：

$$\eta_c = 1 - \frac{T_0}{T} \tag{3-5}$$

式中，η_c 也称为卡诺因子或卡诺系数。

因此，由热量可能得到的最大功 W_{max} 为

$$W_{max} = Q\left(1 - \frac{T_0}{T}\right) \tag{3-6}$$

它即为热量㶲 Ex_Q。由此可见，热量㶲等于该热量与卡诺因子的乘积。传递的热量的温度水平越高，环境温度越低，则卡诺因子及热量㶲越大。表3-6列出了卡诺因子（相当于单位热量具有的㶲值）随 t 和 t_0 的变化关系。

热量㶲是热量本身的固有特性。当一个系统吸收热量时，同时吸收了该热量中的㶲；反之，当放出热量时，同时放出了该热量中的㶲。通过可逆热机可将㶲以功的形式表现出来。

表3-6　不同温度 t 和 t_0 下卡诺因子 η_c 的值

t_0(℃)	t(℃)								
	100	200	300	400	500	600	900	1000	1200
0	0.2680	0.4227	0.5234	0.5942	0.6467	0.6872	0.7455	0.7855	0.8146
20	0.2144	0.3804	0.4855	0.5645	0.6208	0.6643	0.7268	0.7697	0.8010
40	0.1608	0.3382	0.4536	0.5348	0.5950	0.6414	0.7082	0.7540	0.7874
60	0.1072	0.2959	0.4187	0.5051	0.5691	0.6195	0.6896	0.7385	0.7739

热量中不能转换为功的部分为 $Q \cdot T_0/T$，即为"㶲"（An_Q）。热量为热量㶲与热量㶲之和：

$$Q = Ex_Q + An_Q \tag{3-7}$$

当热源的热容量有限，放热过程中热源温度发生变化时（变温热源），对微小的放热过程，式(3-6)关系仍然成立，即

$$dEx_Q = \left(1 - \frac{T_0}{T}\right)dQ$$

对整个放热过程 Q，则热量㶲为

$$Ex_Q = \int_1^2 \left(1 - \frac{T_0}{T}\right)dQ$$

热源放出热量，焓将减小，在无相变时，温度将降低。它们的关系为

$$dQ = -dH = -mc_p dT$$

热源放出热量 Q，温度从 T 降至 T_0 时的热量㶲为

$$Ex_Q = \int \left(1 - \frac{T_0}{T}\right) dQ = -\int \left(1 - \frac{T_0}{T}\right) mc_p dT$$

$$= mc_p(T - T_0) - T_0 mc_p \ln \frac{T}{T_0} = mc_p(T - T_0)\left(1 - \frac{T_0}{T - T_0}\ln\frac{T}{T_0}\right) \tag{3-8}$$

式中　m——热源质量，kg；

　　　c_p——热源的质量定压热容，J/(kg·K)。

（二）能级

对于高级能，由于它可以无限制地相互转换，即它的能量全部为㶲，$E = Ex$，$An = 0$。对于低能级，它不可能转换为高级能，能量中全部为㶲，$E = An$，㶲 $Ex = 0$。由此可见，在能量中所含㶲的多少反映了该能量的质量的高低。通常将能量中㶲所占的比例称为"能级"也称"有效度"，用 λ 表示，即

$$\lambda = \frac{Ex}{E} \tag{3-9}$$

对于高级能，$\lambda = 1$；对于低级能，$\lambda = 0$；对于中级能，$\lambda < 1$。

就恒温热源的热量 Q 来说，它具有的能级为

$$\lambda_Q = \frac{Ex_Q}{Q} = \frac{Q\left(1 - \frac{T_0}{T}\right)}{Q} = 1 - \frac{T_0}{T} = \eta_c \tag{3-10}$$

由式（3-10）可见，恒温热源的热量的能级即为卡诺因子，温度越高，其能级也越高，但不可能达到1。

（三）开口体系工质的㶲

对处于稳定流动状态的工质，如果它的状态参数分别为压力 p、温度 T、焓 H、熵 S，如图 3-8 所示。

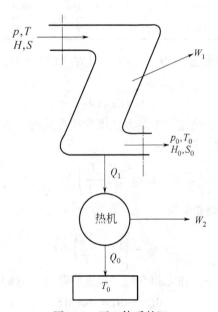

图 3-8　开口体系的㶲

当忽略宏观运动的动能和位能时，工质具有的能量为焓，它所具有的㶲值（也称焓㶲）是指经过一系列状态变化过程后，最终达到与环境平衡时（环境状态下各状态参数用下标 0 表示）所能做出的最大功 W_{max}。

要使做出的功为最大，这一系列的过程必须是可逆过程。设在这些过程中，共做出功 W_1，放出热 Q_1。因为放热过程并不是在环境温度下进行，在该热量中还具有一定的做功能力，可以假想通过一个可逆热机可做出功 W_2，最终向环境放出热 Q_0。因此，它共能做出的最大功应为 $W_{max}=W_1+W_2$。

根据能量平衡关系，将热机也包括在体系之内，则

$$H=H_0+W_1+W_2+Q_0$$

它所具有的㶲值为

$$Ex=W_{max}=W_1+W_2=H-H_0-Q_0$$

由于上述的所有过程均为可逆，对可逆过程，总熵变（包括体系与环境的熵变之和）应为零。而工质本身的熵由 S 变化到 S_0；热机循环的熵变为零；环境接受热量 Q_0，熵增为 Q_0/T_0。因此，总熵变为

$$S_0-S+\frac{Q_0}{T_0}=0$$

$$Q_0=T_0(S-S_0)$$

代入前式可得

$$Ex=(H-H_0)-T_0(S-S_0) \tag{3-11}$$

式（3-11）是计算一定状态下稳定流动体系工质的㶲的基本公式。由于实际所遇到的过程绝大多数是流动体系，因此，焓也可看成是㶲的基本表示式。由式（3-11）可见，相对于一定的环境状态，㶲由状态参数可以确定，所以它本身也是一个状态参数。

对于 1kg 工质，单位㶲（比㶲）为

$$e_x=(h-h_0)-T_0(s-s_0) \tag{3-12}$$

对于开口体系，在不考虑宏观运动的动能和位能时，工质具有的总能即为其焓，与环境状态相比，所具有的能量为

$$e=h-h_0$$

因此，它的能级为

$$\lambda=\frac{e_x}{h-h_0}=\frac{(h-h_0)-T_0(s-s_0)}{h-h_0}=1-T_0\frac{\Delta s}{h-h_0} \tag{3-13}$$

由式（3-13）可见，它的能级也小于 1。能级的高低与熵差 Δs 有直接关系，$T_0\Delta s$ 即为㶲。在转变为功的过程中，工质的熵变量越大，㶲就越大，相应的㶲值就越小，能级越低。因此，熵变量也可以用来评价热能的品质。

式（3-11）和式（3-12）是计算工质㶲的最基本公式。它是在不计宏观动能和位能时，稳定物流所具有的㶲。或者说，它是物流的焓这种能量中所具有的可用能。所以，有些著作中也把它称为稳定物流的"焓㶲"，它是由物理状态参数确定的可用能，属于物理㶲的一种。针对不同的具体条件，可进一步推导出各种条件下㶲的具体计算公式，如温度㶲、潜热㶲、水及水蒸气的㶲、混合气体的㶲、化学㶲等。

二、㶲平衡

能量守恒是一个普遍的定律，能量的收支应保持平衡。但是，㶲只是能量中的可用能部

分，它的收支一般是不平衡的，在实际的转换过程中，一部分可用能将转变为不可用能，㶲将减少，称为㶲损失。这并不违反能量守恒定律，㶲平衡是㶲与㶲损失（不可用能）之和保持平衡。

设穿过体系边界的输入㶲为 Ex_{in}，输出㶲为 Ex_{out}，内部㶲损失为 I_{int}，㶲在体系内部的积存量为 ΔE_{sys}，则它们之间的平衡关系为

$$Ex_{in} = Ex_{out} + I_{int} + \Delta Ex_{sys} \tag{3-14}$$

对稳定流动体系，内部㶲的积累量为零。对多股流体，对照能量方程式：

$$\sum H_{1i} + Q = \sum H_{2i} + W$$

可写出㶲平衡方程式为

$$\sum Ex_{1i} + Ex_Q = \sum Ex_{2i} + W + \sum I_{int} \tag{3-15}$$

式中　Ex_{1i}——流入的各股流体携带的能（㶲）量；

　　　Ex_{2i}——流出的各股流体携带的能（㶲）量。

此外，也可将体系的㶲分为支付㶲 Ex_p、收益㶲 Ex_g 以及未被利用的㶲 Ex_1，未被利用的㶲也称外部㶲损失，用 I_{ext} 表示，则㶲平衡关系可表示为

$$Ex_p = Ex_g + Ex_1 + I_{int} = Ex_g + I \tag{3-16}$$
$$I = I_{int} + I_{ext}$$

外部㶲损失是由于㶲未被利用而造成的损失，相当于能量平衡中的能量损失项所对应的㶲损失，也称第一类㶲损失，如被高温烟气带走的㶲等，它通过适当的回收装置有可能被回收。内部㶲损失是由于过程不可逆造成的㶲损失，它不改变能量数量，只是降低能量的质量，使可用能转变为不可用能㶲，这种损失项在能量平衡中往往没有反映，也称第二类㶲损失。㶲已不可能转变为㶲，要减少这类㶲损失，只能从设法减小过程的不可逆性着手。

下面分析不同过程的㶲平衡。各过程均忽略动能、位能的变化以及由于保温不良造成的热损失。必要时可增加相关项。

（一）流动过程的㶲平衡

1. 节流过程

通过阀门的流动过程是最简单的过程，如图3-9所示。流经阀门时压力降低，可看成是绝热节流过程。

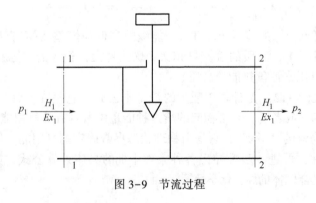

图3-9　节流过程

节流过程与外界没有功量和热量的交换，因此，能量平衡关系式是进、出口的焓相等，认为是没有能量损失，即

$$H_1 = H_2$$

但是，从㶲平衡来看，它是一个不可逆过程，将有㶲损失，其㶲平衡关系为

$$Ex_1 = Ex_2 + I_{int}$$

内部㶲损失为

$$I_{int} = Ex_1 - Ex_2 = H_1 - H_2 - T_0(S_1 - S_2) = T_0(S_2 - S_1)$$

由上式可见，内部㶲损失与熵增成正比，即与过程的不可逆程度成正比。

2. 输出功的过程

工质流经汽（气）轮机（透平）膨胀对外做功时，可看成是绝热膨胀输出功的过程。如图 3-10 所示，其能量平衡关系为

$$H_1 = H_2 + W$$

㶲平衡的关系为

$$Ex_1 = Ex_2 + W + I_{int}$$

㶲收入为 $Ex_{in} = Ex_1$。输出功全部为可用能，㶲支出为 $Ex_{out} = Ex_2 + W$，因此，内部㶲损失为

$$I_{int} = Ex_{in} - Ex_{out} = Ex_1 - Ex_2 - W$$

该项㶲损失是工质在透平内膨胀时，由于摩擦、涡流等不可逆阻力损失造成的，在能量平衡中没有体现，它转换成热能后将被工质带走，包含在 H_2 中。

3. 输入功的过程

工质流经压缩机、风机和泵的时候，可看成是绝热压缩的过程，需要消耗外功来提高其压力。如图 3-11 所示，其能量平衡关系为

$$H_1 + W = H_2$$

㶲平衡的关系为

$$Ex_1 + W = Ex_2 + I_{int}$$

输入功全部为可用能，㶲收入为 $Ex_{in} = Ex_1 + W$。㶲支出为 $Ex_{out} = Ex_2$，因此，内部㶲损失为

$$I_{int} = Ex_{in} - Ex_{out} = Ex_1 + W - Ex_2$$

该项㶲损失是工质在压缩机内被压缩时，由于摩擦、涡流等不可逆阻力损失造成的附加功耗，它转换成热能后被工质带走，在能量平衡中包含在 H_2 中，没有体现该项损失。

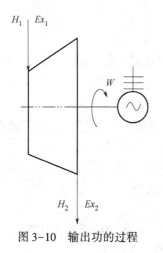

图 3-10　输出功的过程

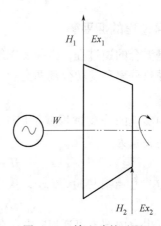

图 3-11　输入功的过程

(二) 混合过程的㶲平衡

混合过程是一个不可逆过程。实际的混合过程常会产生热，所以，混合器分绝热混合器和放热混合器两种。

1. 绝热混合

绝热混合过程如图 3-12 所示，其能量平衡关系为

$$H_1 + H_2 = H_3$$

㶲平衡关系为

$$Ex_1 + Ex_2 = Ex_3 + I_{int}$$

此过程没有能量损失，但有㶲损失。内部㶲损失为

$$I_{int} = Ex_1 + Ex_2 - Ex_3$$

2. 放热混合

如果混合器外有冷却水套，将混合热传给冷却水，如图 3-13 所示，则其能量平衡关系为

$$H_1 + H_2 = H_3 + Q$$

由于放出的热量中含有热量㶲 Ex_Q，其㶲平衡关系为

$$Ex_1 + Ex_2 = Ex_3 + Ex_Q + I_{int}$$

该过程同样有内部不可逆㶲损失存在，可根据㶲的收支差计算：

$$I_{int} = Ex_1 + Ex_2 - Ex_3 - Ex_Q$$

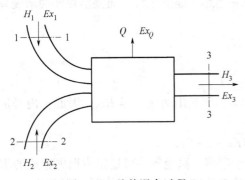

图 3-12 绝热混合过程

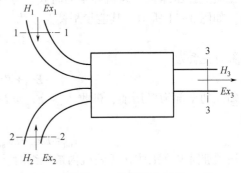

图 3-13 放热混合过程

(三) 分离过程的㶲平衡

分离过程是混合的逆过程，必须要靠外部提供能量才能实现分离。根据提供的能量形式不同，可分为受热分离和受功分离两类。

1. 受热分离

在蒸馏釜中实现的分离过程就是属于受热分离的一个例子。过程示意图如图 3-14 所示，其能量平衡关系为

$$H_1 + Q = H_2 + H_3$$

在提供的热量 Q 中包含有热量㶲 Ex_Q，其㶲平衡关系为

$$Ex_1 + Ex_Q = Ex_2 + Ex_3 + I_{int}$$

实际的分离过程也有内部不可逆㶲损失存在，同样可根据㶲的收支差计算：

$$I_{int} = Ex_1 + Ex_Q - Ex_2 - Ex_3$$

2. 受功分离

制氧机实现的空气分离过程就是受功分离的一个例子，它主要是消耗压缩空气所需的功。此外，微分过滤、反渗透法分离也属于受功分离，它们均需要消耗压缩功。受功分离过程如图 3-15 所示，其能量平衡关系为

$$H_1 + W = H_2 + H_3$$

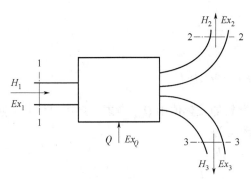
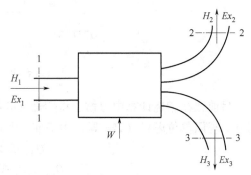

图 3-14　受热分离过程　　　　　图 3-15　受功分离过程

外界提供的功 W 全部为㶲，其㶲平衡的关系为

$$Ex_1 + W = Ex_2 + Ex_3 + I_{int}$$

同样，过程的内部㶲损失可根据㶲的收支差计算：

$$I_{int} = Ex_1 + W - Ex_2 - Ex_3$$

归纳起来可见，任何实际过程㶲的收支是不平衡的，收支之差反映了由于过程的不可逆造成的内部㶲损失。因此，只有包含了该内部㶲损失项后，才能列出㶲平衡式。内部㶲损失是不可用能，属于能量的一部分，因此，㶲平衡式是反映了能量平衡关系，即仍是遵守能量守恒定律。对其他的过程，也可采用相同的方法，首先列出能量平衡和㶲平衡关系式，然后进行分析。

三、㶲损失计算

根据㶲平衡式确定的内部㶲损失，只能知道其总量的大小，并不清楚该㶲损失具体包括哪些项目，受哪些因素影响。因此，针对具体过程，需要利用上述的㶲平衡关系，才能具体确定其㶲损失的大小和影响因素，以便寻求减小㶲损失的途径。下面介绍几种主要㶲损失的计算方法。

（一）燃烧㶲损失

燃烧过程是一个氧化反应过程。燃料与空气通过燃烧器混合、燃烧，释放出热量，转换成烟气携带的热能。在理想情况下，燃烧器内的燃烧过程可看作是绝热过程，没有能量（焓）损失。若以燃烧器为体系，如图 3-16 所示，分析它的能量平衡和㶲平衡，求得的内部㶲损失就是由于燃烧不可逆产生的㶲损失。

流入系统的两股流分别为燃料与空气，流出系统的是燃烧产物——烟气，其能量平衡关系式为

$$H_f + H_a = H_g$$

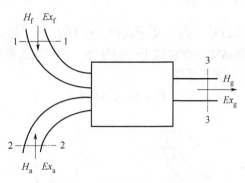

图 3-16 燃烧㶲损失分析系统

目前，在燃烧计算中习惯于将燃烧反应焓按燃料的发热值项 Q_{dw} 考虑，焓中只计其显热部分。现以单位燃料（1kg 等）为基准，上式可改写为

$$Q_{dw}+h_f+V_a h_a=V_g h_g$$
$$Q_{dw}+c_{pf}t_f+V_a c_{pa}t_a=V_g c_{pg}t_{ad}$$

式中　V_a——每 1kg 燃料的助燃空气量，m^3/kg；

　　　V_g——每 1kg 燃料的燃烧产物量，m^3/kg；

　　　c_{pa}，c_{pg}——空气、燃烧产物的平均比定压热容，$kJ/(m^3 \cdot ℃)$；

　　　t_f，t_a——燃料、空气的预热温度，℃；

　　　t_{ad}——理论绝热燃烧温度，℃。

根据能量平衡，可求得理论绝热燃烧温度：

$$t_{ad}=\frac{Q_{dw}+c_{pf}t_f+V_a c_{pa}t_a}{V_g c_{pg}} \tag{3-17}$$

当燃料与空气均未预热，以环境温度进入系统时，$t_f=t_a=t_0$，则

$$t_{ad}=t_0+\frac{Q_{dw}}{V_g c_{pg}} \tag{3-18}$$

燃烧器的㶲平衡关系式为

$$Ex_f+Ex_a=Ex_g+I_r$$
$$e_f^\theta+e_{xf}+V_a e_{xa}=V_g e_{xg}+I_r \tag{3-19}$$

燃料带入的㶲包括燃料的化学㶲 e_f^θ 和燃料的物理㶲（焓㶲）e_{xf}，化学㶲取决于它的发热值，焓㶲取决于它的预热温度。空气带入的焓㶲 e_{xa} 取决于空气预热温度。离开系统的燃烧产物带出的焓㶲 e_{xg} 取决于理论绝热燃烧温度。它们均可根据温度㶲的计算公式计算，则 e_{xg} 为

$$e_{xg}=c_{pg}(T_{ad}-T_0)\left(1-\frac{T_0}{T_{ad}-T_0}\ln\frac{T_{ad}}{T_0}\right)$$

当燃料与空气均未预热时，$t_f=t_a=t_0$，其焓㶲均为零，则燃烧过程的㶲损失公式可简化为

$$I_r=e_f^\theta-V_g e_{xg}=Q_{dw}+T_0\Delta S-V_g c_{pg}(T_{ad}-T_0)\left(1-\frac{T_0}{T_{ad}-T_0}\ln\frac{T_{ad}}{T_0}\right) \tag{3-20}$$

将式(3-18) 的理论绝热燃烧温度关系式代入式(3-20) 中的（$T_{ad}-T_0$）项可得

$$I_r = Q_{dw} + T_0 \Delta S - Q_{dw} \left(1 - \frac{T_0}{T_{ad} - T_0} \ln \frac{T_{ad}}{T_0} \right)$$

$$= T_0 \Delta S + Q_{dw} \frac{T_0}{T_{ad} - T} \ln \frac{T_{ad}}{T_0} \qquad (3-21)$$

需要注意的是，式(3-21) 是按燃料及空气均未预热的特殊情况下推导出的。但是，影响燃烧㶲损失的主要因素还是可以体现的。由式(3-21) 可见，理论绝热燃烧温度越高，燃烧㶲损失越小。而 T_{ad} 与烟气量及预热情况有关。如果空气系数 n 接近于 1，则 V_g 接近理论烟气量，相对的烟气量较小，则 T_{ad} 较高；采用空气或燃料预热方式，同样可提高绝热燃烧温度，以减少燃烧㶲损失的目的。但是，此时的燃烧㶲损失应按式(3-19)和式(3-17) 逐项计算。

燃烧㶲损失率 ξ_r 是指燃烧㶲损失与供给的㶲（消耗㶲）之比，即

$$\xi_r = \frac{I_r}{e_f^\theta + e_{xf} + V_a e_{xa}} = 1 - \frac{V_g e_{xg}}{e_f^\theta + e_{xf} + V_a e_{xa}} \qquad (3-22)$$

空气预热温度及空气系数对燃烧㶲损失率的影响见表3-7。表3-7 中的数据是按燃料的化学㶲 $e_f^\theta = 43790 kJ/kg$，环境温度 $T_0 = 303.15K$ 计算的。

表3-7　燃烧㶲损失率与空气系数及空气温度的关系

空气温度(℃)	项目内容	空气系数 n			
		1.0	1.1	1.3	1.5
30	空气的焓㶲（kJ/kg）	0	0	0	0
	绝热燃烧温度（℃）	2240	2080	1810	1615
	烟气的焓㶲（kJ/kg）	30140	29430	28210	27290
	燃烧㶲损失率 ξ_r（%）	31.5	32.0	34.6	36.7
500	空气的焓㶲（kJ/kg）	3140	3460	3580	4130
	绝热燃烧温度（℃）	2540	2420	2150	1980
	烟气的焓㶲（kJ/kg）	36335	35916	35748	35581
	燃烧㶲损失率 ξ_r（%）	22.6	24.0	25.2	26.3

由表可见，一般情况下，燃烧㶲损失率高达30%以上。提高空气预热温度，可以显著地降低㶲损失率。

实际燃烧时，由于火焰向周围传热，烟气温度将会比绝热燃烧温度低10%~30%。

降低空气系数固然可以降低燃烧㶲损失率，但是，这是指完全燃烧而言的。如果供给的空气量不足，或者燃料与空气混合不充分，此外，由于温度过低而造成燃烧速度降低，或者由于燃烧温度过高而使 H_2O 和 CO_2 发生热离解，这些情况均会产生化学不完全燃烧损失。此时，一部分燃料的化学能未能转换成热能，随烟气散失到大气中。这部分化学㶲损失实际也应加算在燃烧㶲损失中。

（二）传热㶲损失

物质实际的加热或冷却过程，是在有限温差下进行的传热过程。有温差的传热是不可逆过程，即使没有热量损失，也必然会产生㶲损失。

设从温度为 T_H 的高温物体向温度为 T_L 的低温物体传递了微小热量 dQ，环境温度为

T_0，且 $T_H > T_L > T_0$。在无散热损失时，能量平衡关系为

$$dQ = -dQ_1 = dQ_2$$

根据式（3-6），高温物体失去的热量㶲为

$$|dEx_1| = \left(1 - \frac{T_0}{T_H}\right)dQ$$

低温物体得到的热量㶲为

$$dEx_2 = \left(1 - \frac{T_0}{T_L}\right)dQ$$

传热造成的㶲损失为

$$dI_c = |dEx_1| - dEx_2 = T_0\left(\frac{1}{T_L} - \frac{1}{T_H}\right)dQ = T_0\frac{T_H - T_L}{T_H \cdot T_L}dQ \tag{3-23}$$

显然，传热过程将造成㶲减少，并且，传热温差越大，传热㶲损失也越大。同时，它还与两者的温度的乘积成反比。在相同的传热温差情况下，高温传热时的㶲损失比低温时要小。或者说，当要求㶲损失不超过某一定值时，温度水平高的情况下，可允许选用较大的传热温差；温度水平低的情况下，则应选用较小的传热温差。

如果高温物体在向低温物体传热的同时，向外界放散热量 dQ'，则这部分热量㶲将全部向外散失，它是属于外部㶲损失。系统的总㶲损失为

$$dI_c + dI'_c = T_0\left[\left(\frac{1}{T_L} - \frac{1}{T_H}\right)dQ + \left(\frac{1}{T_0} - \frac{1}{T_H}\right)dQ'\right] \tag{3-24}$$

下面再讨论有限传热过程的传热㶲损失的计算。

1. 恒温热源间的传热

当两个热源的热容量很大，放出或吸收热量 Q 温度均不变时，则对式（3-23）积分可得总的传热㶲损失为

$$I_c = \int T_0\frac{T_H - T_L}{T_H \cdot T_L}dQ = T_0\frac{T_H - T_L}{T_H \cdot T_L}Q \tag{3-25}$$

由式（3-25）可见，传热㶲损失同样是与温差（$T_H - T_L$）成正比，与 T_H、T_L 的乘积成反比。

2. 有限热源间的传热

如果物体的热容量有限，随着放热或吸热过程，温度均发生变化，变化范围分别为对高温热源从 T_{H1} 降至 T_{H2}，对低温热源从 T_{L1} 升至 T_{L2}。如果只考虑两物体之间的传热，没有散热损失，则根据热平衡关系可得

$$dQ = -m_H c_H dT_H = m_L c_L dT_L$$

$$Q = -m_H c_H(T_{H2} - T_{H1}) = m_L c_L(T_{L2} - T_{L1})$$

式中 m_H，c_H——热物体的质量与比定压热容，其乘积即为热物体的热容；

m_L，c_L——冷物体的质量与比定压热容。

此时的传热㶲损失需对式（3-23）用积分的方法求得。将式（3-25）代入式（3-23），经积分后可得传热总㶲损失为

$$I_c = T_0\left(m_L\int_{T_{L1}}^{T_{L2}}\frac{c_L dT_L}{T_L} + m_H\int_{T_{H1}}^{T_{H2}}\frac{c_H dT_H}{T_H}\right) = T_0\left(m_L c_L \ln\frac{T_{L2}}{T_{L1}} + m_H c_H \ln\frac{T_{H2}}{T_{H1}}\right)$$

$$= T_0 Q\left(\frac{\ln\dfrac{T_{L2}}{T_{L1}}}{T_{L2} - T_{L1}} - \frac{\ln\dfrac{T_{H2}}{T_{H1}}}{T_{H2} - T_{H1}}\right) = T_0 Q\left(\frac{1}{\overline{T_L}} - \frac{1}{\overline{T_H}}\right) = T_0 Q\,\frac{\overline{T_H} - \overline{T_L}}{\overline{T_L} \cdot \overline{T_H}} \qquad (3-26)$$

其中
$$\overline{T_L} = \frac{T_{L2} - T_{L1}}{\ln\dfrac{T_{L2}}{T_{L1}}}$$

$$\overline{T_H} = \frac{T_{H2} - T_{H1}}{\ln\dfrac{T_{H2}}{T_{H1}}}$$

式中　$\overline{T_L}$，$\overline{T_H}$——冷、热物体的初、终态温度的对数平均值。

采用此平均温度代替，则传热㶲损失的公式与恒温热源时具有相同的形式，以前讨论的结论同样可以适用。传热㶲损失与它们的对数平均温度之差成正比。

当比定压热容不为常数，或在传热过程中发生相变时，转移的热量可按焓的变化进行计算：
$$dQ = -m_H dh_H = m_L dh_L$$
$$Q = -m_H \Delta h_H = m_L \Delta h_L$$

式中　h_L，h_H——冷、热物体的比焓。

代入式(3-23)，则可得传热㶲损失为
$$dI_c = |dEx_H| - dEx_L = T_0\left(-\frac{dQ}{T_H} + \frac{dQ}{T_L}\right) = T_0(dS_H + dS_L) = T_0 dS$$

$$= T_0\left(\frac{M_H dh_H}{T_H} + \frac{M_L dh_L}{T_L}\right)$$

$$I_c = T_0 \Delta S = T_0(M_H \Delta s_H + M_L \Delta s_L) = T_0 Q\left(\frac{\Delta s_L}{\Delta h_L} - \frac{\Delta s_H}{\Delta h_H}\right) \qquad (3-27)$$

式中　Δs_H，Δs_L——热物体、冷物体的单位熵增；

ΔS——体系的总熵增。

由于传热是一个不可逆过程，体系的总熵增 $\Delta S>0$，即有温差的传热始终总存在有传热㶲损失。并且，㶲损失与总熵增成正比。

3. 换热器中的传热

换热器中冷、热流体之间的传热过程如图 3-17 所示，质量流量为 m_H 的热流体以温度 T_{H1} 状态（点 1）流入换热器，经放热后，出口温度为 T_{H2}（点 2）；冷流体的质量流量为 m_L，进口温度为 T_{L3}（点 3），出口温度为 T_{L4}（点 4）。在内部任意截面上，$T_H>T_L$，由热流

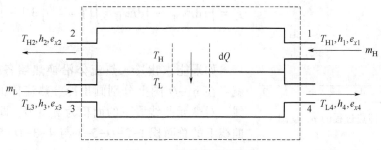

图 3-17　换热器中的传热

体向冷流体传递热量 dQ，换热器的总传热量为 Q。

如果不考虑向外界散热，则根据热平衡关系可得传热量为

$$Q = m_H(h_1 - h_2) = m_L(h_4 - h_3) \qquad (3-28)$$

传热㶲损失可以根据㶲平衡关系求得。热流体的㶲减少和冷流体的㶲增加分别为

$$\Delta Ex_H = m_H(e_{x1} - e_{x2})$$

$$\Delta Ex_L = m_L(e_{x4} - e_{x3})$$

传热的㶲损失为

$$
\begin{aligned}
I_c &= Ex_{in} - Ex_{out} = \Delta Ex_H - \Delta Ex_L \\
&= m_H[(h_1 - h_2) - T_0(s_1 - s_2)] - m_L[(h_4 - h_3) - T_0(s_4 - s_3)] \\
&= T_0(m_H \Delta s_H + m_L \Delta s_L) = T_0 \Delta S \qquad (3-29)
\end{aligned}
$$

由式（3-29）可见，换热器的传热㶲损失仍与系统的总熵增成正比，与式（3-27）的结果相同。在已知各点的温度、压力时，可以求得传热量和㶲损失。

当不计换热器内的流动阻力时，流体进出口焓㶲的变化可以只计温度㶲的变化，则式（3-27）可化为

$$
\begin{aligned}
I_c &= m_H(h_1 - h_2)\left(1 - \frac{T_0}{T_{H1} - T_{H2}}\ln\frac{T_{H1}}{T_{H2}}\right) - m_L(h_4 - h_3)\left(1 - \frac{T_0}{T_{L4} - T_{L3}}\ln\frac{T_{L4}}{T_{L3}}\right) \\
&= QT_0\left(\frac{1}{\dfrac{T_{L4} - T_{L3}}{\ln\dfrac{T_{L4}}{T_{L3}}}} - \frac{1}{\dfrac{T_{H1} - T_{H2}}{\ln\dfrac{T_{H1}}{T_{H2}}}}\right) = QT_0\left(\frac{1}{\overline{T_L}} - \frac{1}{\overline{T_H}}\right) \qquad (3-30)
\end{aligned}
$$

所得结果与式（3-26）的形式相同。但是，这里的 $\overline{T_L}$ 与 $\overline{T_H}$ 分别是冷、热流体进、出口温度的对数平均值。

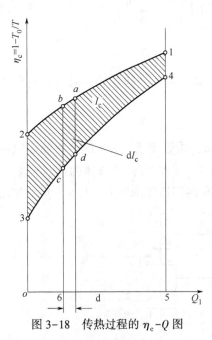

图 3-18　传热过程的 $\eta_c\text{-}Q$ 图

传热㶲损失还可在以卡诺因子 $\eta_c = 1 - T_0/T$ 为纵坐标，以传热量 Q 为横坐标的图上表示，如图 3-18 所示。当不计流体内部的摩擦等不可逆因素时，流体㶲的变化应等于它的热量㶲，即

$$|dEx_H| = \left(1 - \frac{T_0}{T_H}\right)dQ$$

$$dEx_L = \left(1 - \frac{T_0}{T_L}\right)dQ$$

因此，根据式（3-23），传热㶲损失为

$$I_c = \int|dEx_H| - \int dEx_L = \int_2^1\left(1 - \frac{T_0}{T_H}\right)dQ - \int_3^4\left(1 - \frac{T_0}{T_L}\right)dQ \qquad (3-31)$$

如果能求出冷、热流体沿换热器各截面的温度，就可在 $\eta_c\text{-}Q$ 图上分别画出冷、热流体的温度变化曲线。对微元曲线段下的面积为 $\eta_c \cdot Q$，即为㶲的变化。曲线下的总面积 1-2-0-5-1 与 4-3-0-5-4 分别表示热流体与冷流体㶲的变化。因此，两条曲线之间的面积 1-2-3-4-1 即为传热㶲损失，如

图 3-18 中的阴影线所示的面积。由图 3-18 可见，如果传热温差增大，将使两条曲线之间的距离扩大，传热㶲损失会增加。

η_c-Q 图还可表示出换热器不同截面处的㶲损失的分布情况。例如，图 3-18 中的面积 a-b-c-d-a 表示了某断面处的传热㶲损失 $\mathrm{d}I_c$。利用这种图可方便地分析传热㶲损失，研究改善换热器的设计，以减少㶲损失。例如，当用饱和蒸汽进行加热时，由于热源蒸汽在冷凝放热时温度保持不变，在 η_c-Q 图上为一水平线，如图 3-19 所示。在低温段，由于传热温差大，将存在较大的传热㶲损失，如图 3-19(a) 所示。如果采用两种不同压力的饱和蒸汽来进行加热，低温段采用温度较低的低压蒸汽，则可明显地减少传热㶲损失，如图 3-19(b) 所示。

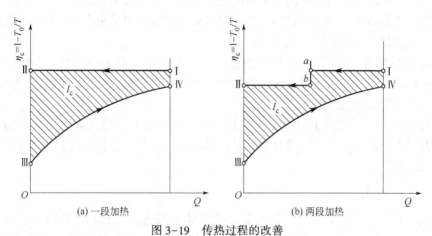

图 3-19　传热过程的改善

换热器内传热过程的㶲损失率可表示为

$$\xi_c = \frac{I_c}{\Delta Ex_H} = 1 - \frac{\Delta Ex_L}{\Delta Ex_H} \approx 1 - \frac{\lambda_L(H_{L4}-H_{L3})}{\lambda_H(H_{H1}-H_{H2})} = 1 - \frac{\lambda_L}{\lambda_H}$$

四、㶲分析的方法

(一) 分析目的

对热工设备或能源系统进行能量分析时，通过对能量形态的变化过程分析，定量计算能量有效利用及损失等情况，弄清造成损失的部位和原因，以便提出改进措施，并预测改善后的效果。

能量平衡分析可分热平衡（焓平衡）及㶲平衡分析两种。㶲分析是不仅考虑能量的数量，还顾及能量的质量。在进行㶲分析时，需要计入各项㶲损失才能保持平衡。其中，内部不可逆㶲损失项在焓平衡中并无反映。因此，两种分析方法有质的区别。但是，相互之间又存在有内在的联系，㶲平衡是建立在能平衡的基础之上的。

（1）定量计算能量（㶲）的各项收支、利用及损失情况。收支保持平衡是基础，能流的去向包括收益项和各项损失项，根据各项的分配比例可以分清其主次。

（2）通过计算效率，确定能量转换的效果和有效利用程度。

（3）分析能量利用的合理性，分析各种损失大小和影响因素，提出改进的可能性及改进途径，并预测改进后的节能效果。

（二）分析方法

能量分析有以下四种方法：

（1）统计的方法。通过每天的运转数据，分析影响热效率和单位能耗的各种因素，找出其相互关系。统计分析有以下作用：①可以发现每天操作中突发性的异常现象；②可以知道装置随运转年限增加，性能下降的情况；③可以预测将来的操作数据的变化趋势；④可作为今后建设、设计的资料。随着计算机技术的发展，统计范围越来越广，数据处理也越来越快。

（2）动态模拟的方法。对操作条件给予某一阶梯形的或正弦形的变化，以测定对其他量有何影响，对随时间与随空间的变化情况进行分析。它适合于负荷变动激烈或运转率低的装置，以及生产多品种产品的装置的分析。它可以预测对装置采用自动控制后所能取得的效果。但是，一般装置的动态特性相当复杂。

（3）稳态的方法。用于锅炉、连续加热炉、高炉等热工设备的分析。正常情况下，工况几乎不随时间变化。通过对分析对象的物料及能量平衡测定，可弄清能流情况以及各项损失的大小。它是最常用的方法。

（4）周期的方法。适用于间歇工作的热设备，如锻造炉、热处理炉等。分析时至少要测定一个周期内的数据，并要考虑装置积蓄能量的变化。其中物料平衡以及能量平衡的分析方法与稳态法相同。

（三）分析步骤

（1）确定体系。首先要明确分析对象，确定体系的边界。所取体系可大、可小，大至一个部门、一个厂矿，小至一个车间、一个具体设备甚至一个部件。这主要取决于分析的需要。为了便于分析，还可将大体系进一步划分成几个子体系。所以要用示意图标明所取体系的范围。

（2）分析体系与外界的质量交换。物料平衡是分析的基础。要标明和计算出穿过边界的各股物质流的流量与成分。

（3）分析体系与外界的能量交换。通过边界的能流包括功量、热量和物流携带的焓（㶲），有的要通过测定温度、压力等参数后计算确定。

（4）计算各项的数值，确定各项损失的大小。在计算时，要明确环境基准状态，要确定所需的热力学基础数据（物质的热容、焓和熵等）以及计算公式。

（5）分析能量平衡和㶲平衡。能量平衡是㶲平衡的基础。在此基础上，建立体系的㶲平衡关系，确定各项输入、输出㶲及㶲损失，画出能流、㶲流图。

（6）计算㶲效率及局部㶲损失率等评价指标。

（7）评价与分析结果。根据计算结果，分析造成能量损失与㶲损失的原因，探讨体系进一步提高有效利用能量的措施及可能性。

五、㶲效率的相关概念

在能量转换系统中，当耗费某种能量，转换成所需的能量形式时，一般来说不可能达到百分之百地转换，实际总会存在各种损失。损失的大小并不能确切评价转换装置的完善程度，一般需采用"效率"这个指标。

效率的一般定义为效果与代价之比，对能量转换装置，也就是取得的有效能（收益能）

与供给装置耗费的能（支付能）之比。

在热平衡中，用"热效率"的概念来衡量被有效利用的能量与消耗的能量在数量上的比值。它没有顾及能量在质量上的差别，往往不能反映装置的完善程度。例如，利用电炉取暖，单从能量的数量上看，它的转换效率可以达到100%，但是，从能量的质量上看，电能是高级能，而供暖只需要低质热能，所以用能是不合理的。对利用燃料热能转换成电能的凝汽式发电厂来说，它的发电效率是指发出的电能与消耗的燃料热能之比，目前，大型高参数的发电装置的最高效率也不到40%，冷凝器冷却水带走的热损失在数量上占燃料提供热量的50%以上。但是，热能在转换成机械能的同时，向低温热源放出热量是不可避免的。冷却水带走的热能质量很低，已难以利用。因此，要衡量热能转换过程的好坏和热能利用装置的完善性，热效率并不是一个很合理的尺度。

如前所述，㶲损失的大小可以用来衡量该过程的热力学完善程度。为了全面衡量热能转换和利用的效益，应该从综合热能的数量和质量的㶲的概念出发，用"㶲效率"来表示系统中进行的能量转换过程的热力学完善程度，或热力系统的㶲的利用程度。

㶲效率是指能量转换系统或设备，在进行转换的过程中，被利用或收益的㶲 Ex_g 与支付或耗费的㶲 Ex_p 之比，用 η_e 表示，即

$$\eta_e = \frac{Ex_g}{Ex_p} \tag{3-32}$$

当考虑系统内部不可逆㶲损失及外部㶲损失时，支付㶲中需扣除这些㶲损失之和才为收益㶲。因此，㶲效率为

$$\eta_e = \frac{Ex_p - \sum I_i}{Ex_p} = 1 - \frac{\sum I_i}{Ex_p} = 1 - \sum \xi_i \tag{3-33}$$

式中　$\xi_i = I_i / Ex_p$——局部㶲损失率或㶲损失系数。

根据各项㶲损失率的大小，可知㶲损失的分配情况，以及它们所占的相对地位，从而确定减少㶲损失的主攻方向。

当只考虑内部不可逆㶲损失时，它的㶲效率将大于包括外部㶲损失时的㶲效率。这种㶲效率能够反映装置的热力学完善程度。此时的㶲损失已转变为㷲，并反映为系统熵增。因此，它的㶲效率可表示为

$$\eta'_e = 1 - \frac{A_n}{Ex_p} = 1 - \frac{T_0 \Delta S}{Ex_p} \tag{3-34}$$

㶲效率与热效率有本质的不同。㶲效率是以㶲为基准，各种不同形式的能量的㶲是等价的。而热效率只计及能量的数量，不管能量品位的高低。但是，它与㶲效率 η'_e 有一定的内在联系。现以动力循环为例加以说明，循环的热效率为循环做出的有效功与从热源吸取的热量之比，即

$$\eta_t = \frac{W}{Q_1}$$

而㶲效率为收益㶲（即为净功 W）与热量㶲之比，即

$$\eta'_e = \frac{W}{Ex_Q}$$

因此，热效率可表示为

$$\eta_t = \frac{W}{Q_1} = \frac{Ex_Q}{Q_1}\frac{W}{Ex_Q} = \lambda_Q \eta_e' \tag{3-35}$$

式中　λ_Q——热量的能级，即为卡诺因子。

对可逆过程，内部不可逆㶲损失为零，$\eta_e' = 100\%$，则最高热效率等于卡诺循环的效率。装置的不可逆程度越大，η_e' 越小，则热效率离卡诺效率越远。由此可见，㶲效率 η_e' 可以反映整个热能转换装置及其组成设备的完善性，也便于对不同的热能转换装置之间进行性能比较。

六、各种热工设备的㶲效率

㶲效率应用于热能转换过程可以是多方面的，例如：

（1）针对热能转换的全过程或总系统，求出总的㶲损失，从而确定总的㶲效率；

（2）只对热能转换的个别环节计算出㶲损失，从而得到某个局部环节的㶲效率；

（3）综合分析总的㶲效率和局部㶲效率，可以找出改进热能转换效应的途径；

（4）可以作为主要指标来评比工艺流程和设备的优劣。

如何认定收益㶲与消费㶲，针对不同的设备可以有不同的定义。即使对同一类设备，在不同的场合，也有不同的定义，因此计算出的㶲效率值就不同。例如，有的将输出㶲全部算作收益㶲，输入㶲全部作为消费㶲，这样定义的㶲效率可反映能量传递过程的效率，称为㶲的传递效率；也有以特定目的所获得的㶲作为收益㶲，消费㶲为输入㶲扣除其他非目的的输出㶲，这种㶲效率称为㶲的目的效率。对不同的热工设备，或不同的分析目的，可以选择最合理、最能反映事物本质的㶲效率定义。但是，对相同类型的设备，只有均采用按同样方法定义的㶲效率，才具有可比性。

例如，对最简单的节流过程，由于阀门等节流装置的阻力，将产生不可逆内部㶲损失，使流出的㶲 Ex_{out} 小于流入的㶲 Ex_{in}，它的㶲效率可定义为

$$\eta_e = \frac{Ex_{out}}{Ex_{in}} \tag{3-36}$$

相当于上述的㶲的传递效率，$Ex_{in} - Ex_{out}$ 即为节流㶲损失。

（一）热交换器的㶲效率

热交换器中，冷、热流体之间的传热过程产生的能量传递过程如图3-20所示。热流体放出热量，㶲由 Ex_{in1} 减为 Ex_{out1}；冷流体吸收热量，㶲由 Ex_{in2} 增至 Ex_{out2}。换热器存在内部的传热不可逆㶲损失 I_c 及外部散热㶲损失 I_{sr} 等㶲损失。根据㶲平衡关系，可以写出以下三种㶲平衡方程形式。

1. 一般的㶲效率

将冷流体作为被加热的对象，它增加的㶲（$Ex_{out2} - Ex_{in2}$）为收益㶲。而热流体出口的㶲 Ex_{out1} 不再回收利用，成为外部㶲损失时，㶲平衡方程为

$$Ex_{in1} = (Ex_{out2} - Ex_{in2}) + (Ex_{out1} + \sum I_i)$$

㶲效率为

$$\eta_{e1} = \frac{Ex_{out2} - Ex_{in2}}{Ex_{in1}} = 1 - \frac{Ex_{out1} + \sum I_i}{Ex_{in1}} \tag{3-37}$$

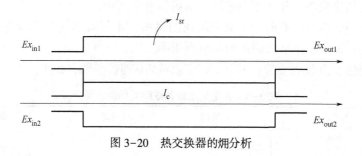

图 3-20　热交换器的㶲分析

2. 目的㶲效率

收益㶲与上述相同，支付㶲只考虑热流体在该换热器内减少的㶲。㶲平衡方程为

$$Ex_{in1} - Ex_{out1} = Ex_{out2} - Ex_{in2} + \sum I_i$$

㶲效率为

$$\eta_{e2} = \frac{Ex_{out2} - Ex_{in2}}{Ex_{in1} - Ex_{out1}} = 1 - \frac{\sum I_i}{Ex_{in1} - Ex_{out1}} \tag{3-38}$$

它适合于热流体出口㶲在下一道工序作为入口㶲进一步加以利用时的情况。

3. 传递㶲效率

将流入体系的㶲均作为支付㶲，流出体系的㶲均作为收益㶲时，㶲平衡方程为

$$Ex_{in1} + Ex_{in2} = (Ex_{out1} + Ex_{out2}) + \sum I_i$$

㶲效率为

$$\eta_{e3} = \frac{Ex_{out1} + Ex_{out2}}{Ex_{in1} + Ex_{in2}} = 1 - \frac{\sum I_i}{Ex_{in1} + Ex_{in2}} \tag{3-39}$$

它适合于评价装置本身㶲的损失率，或者对能源网络系统的各个节点，统一用这样的方式定义㶲效率。

按三种定义求得的㶲效率值是不等的，一般 $\eta_{e1} < \eta_{e2} < \eta_{e3}$。所以在给出换热器的㶲效率时，应具体说明是如何定义的。

（二）锅炉的㶲效率

锅炉是将燃料的热能转换成蒸汽的热能。当燃料消耗量 B kg/h，发热值为 Q_{dw} 时，设产生的蒸汽产量为 D kg/h，蒸汽焓为 h_q，给水焓为 h_s，则热效率 η_{tg} 为

$$\eta_{tg} = \frac{D(h_q - h_s)}{BQ_{dw}}$$

相应地，支付的燃料㶲为 $Ex_p = Be_f^\theta$。收益㶲为给水进锅炉后吸热汽化时㶲的增加，设蒸汽㶲为 e_{xq}，给水㶲为 e_{xs}，则 $Ex_g = D(e_{xq} - e_{xs})$。因此，锅炉的㶲效率为

$$\eta_{eg} = \frac{D(e_{xq} - e_{xs})}{Be_f^\theta} = \frac{Q_{dw}}{e_f^\theta} \frac{e_{xq} - e_{xs}}{h_q - h_s} \frac{D(h_q - h_s)}{BQ_{dw}} = \frac{1}{\lambda_f} \lambda_q \eta_{tg} \tag{3-40}$$

式中　λ_f——燃料的能级，$\lambda_f \approx 1$；

λ_q——蒸汽的能级，$\lambda_q < 1$，因此，锅炉的㶲效率远低于其热效率。

这是因为不可逆燃烧㶲损失及传热㶲损失在热平衡中没有体现，而根据㶲平衡关系，散

热及排烟带走的热损失项，作为外部㶲损失项仍包括在其中。

当考虑整个锅炉房的㶲平衡时，锅炉附属的风机、水泵等所消耗的功 $\sum W_i$ 也均应计入支付㶲中，以便全面衡量整个锅炉房的能量利用率。

一些常用的热工设备或装置，其耗费㶲、收益㶲和㶲效率见表3-8。

表 3-8 常用热工设备或装置的㶲效率

序号	热工设备	耗费㶲	收益㶲	㶲效率
1	锅炉	B_{ef}	$D(e_{x_2}-e_{x1})$	$D(e_{x_2}-e_{x1})/B_{ef}$
2	燃烧室	B_{ef}	$V_Ge_{xG}-V_Ae_{xA}$	$(V_Ge_{xG}-V_Ae_{xA})/B_{ef}$
3	透平	$D(e_{x1}-e_{x2})$	W	$W/D(e_{x1}-e_{x2})$
4	压缩机或泵	W	$m(e_{x2}-e_{x1})$	$m(e_{x2}-e_{x1})/W$
5	节流阀	me_{x1}	me_{x2}	e_{x2}/me_{x1}
6	闭口蒸汽动力循环	$\int_1^2\left(1-\dfrac{T_0}{T}\right)dQ$	W	$W/\int_1^2\left(1-\dfrac{T_0}{T}\right)dQ$
7	燃气轮机装置	B_{ef}	W	W/B_{ef}
8	压缩式制冷机	W	$\left(1-\dfrac{T_0}{T_2}\right)Q_2$	$\left(1-\dfrac{T_0}{T_2}\right)Q_2/W$
9	吸收式制冷机	$\int_1^2\left(1-\dfrac{T_0}{T_1}\right)dQ$	$\left(1-\dfrac{T_0}{T_2}\right)Q_2$	$\left(1-\dfrac{T_0}{T_2}\right)Q_2/\int_1^2\left(1-\dfrac{T_0}{T_1}\right)dQ$
10	压缩式热泵	W	$\left(1-\dfrac{T_0}{T_1}\right)Q_1$	$\left(1-\dfrac{T_0}{T_1}\right)Q_1/W$
11	表面式换热器	$m_1(x_{x1}^+-e_{x1}^-)$	$m_2(x_{x2}^--e_{x2}^+)$	$m_2(x_{x2}^--e_{x2}^+)/m_1(x_{x1}^+-e_{x1}^-)$
12	暖气取暖	$m(e_{x1}-e_{x2})$	$\left(1-\dfrac{T_0}{T_1}\right)Q$	$\left(1-\dfrac{T_0}{T_1}\right)Q/m(e_{x1}-e_{x2})$
13	电气取暖	$W=Q$	$\left(1-\dfrac{T_0}{T_1}\right)Q$	$1-\dfrac{T_0}{T_1}$

对于由多台设备串联而成的能量转换系统，其总的㶲效率可按各装置的㶲效率相乘来求得。例如，对热力发电装置，支付㶲为燃料的㶲 Ex_f，收益㶲为输出的电能 W_d。它由锅炉、汽轮机组、传动装置、发电机、变电送电设备等转换设备串联而成，可先分别计算各装置的㶲效率，再求出其总的效率，即

$$\eta_e=\frac{W_d}{Ex_f}=\frac{Ex_q}{Ex_f}\frac{W_1}{Ex_q}\frac{W_2}{W_1}\frac{W_3}{W_2}\frac{W_d}{W_3}=\eta_{eg}\cdot\eta_{eq}\cdot\eta_j\cdot\eta_{dj}\cdot\eta_{sd}=\prod\eta_{ei} \qquad (3-41)$$

式中　η_{eg}——锅炉的㶲效率；

η_{eq}——蒸汽动力循环（汽轮机组）的㶲效率；

η_j——机械传动效率；

η_{dj}——发电机效率；

η_{sd}——供电效率。

对于有多种能量输出的热能转换系统，例如热电联产装置或燃气—蒸汽联合装置等，如图3-21所示，输入的㶲是燃料的㶲，输出的电能则有燃气透平发出的电力和蒸汽透平发出的电力两项，则其总的㶲效率为局部㶲效率之和。局部㶲效率是指各局部的收益㶲与总支付

㶲之比，用 $\eta_{ei}(i=1,2,3,\cdots)$ 表示，即

$$\eta_e=\frac{Ex_{g1}+Ex_{g2}+\cdots}{Ex_p}=\frac{Ex_{g1}}{Ex_p}+\frac{Ex_{g2}}{Ex_p}+\cdots=\eta_{e1}+\eta_{e2}+\cdots \quad (3-42)$$

对于完全并联的子系统，每个子系统有独立的输入㶲 Ex_{pi} 和收益㶲 Ex_{gi}，则系统的总㶲效率将式(3-42) 改写为

$$\eta_e=\frac{Ex_{g1}+Ex_{g2}+\cdots}{Ex_p}=\frac{Ex_{p1}}{Ex_p}\frac{Ex_{g1}}{Ex_{p1}}+\frac{Ex_{p2}}{Ex_p}\frac{Ex_{g2}}{Ex_{p2}}+\cdots=a_1\eta_{e1}'+a_2\eta_{e2}'+\cdots=\sum a_i\eta_{ei}' \quad (3-43)$$

式(3-43) 中，a_i 为各子系统的输入㶲占总输入㶲的比例，即总㶲效率为各子㶲效率的加权之和。

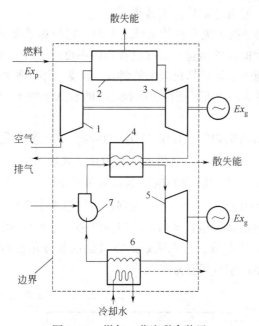

图 3-21　燃气—蒸汽联合装置

1—压气机；2—燃烧室；3—燃气透平；4—锅炉；5—汽轮机；6—冷凝器；7—水泵

七、㶲分析举例

实际的能量转换系统往往比较复杂，由多个设备组成消耗多种形式的能量，经过多次能量转换过程。为了分析问题方便、清楚，可先画出能流系统图，划定体系范围，确定分析的对象。再将系统划分为若干个子系统，确定流经系统的各股物流、能流情况，然后再进行物料平衡和能量平衡分析。

对于要分析的系统，对每个子系统的设备分别用边界线划分开，标出通过边界的各股物流和能流的状态值。通过能流图可以清楚地知道各子系统之间的相互关系以及与外界的联系。

在取定体系后，根据各股物流的情况以及与外界功量、热量交换的情况，可以列出能量平衡关系式。在能平衡（热平衡或焓平衡）的基础上，还可进一步列出㶲平衡的关系式。

热平衡与焓平衡是建立在热力学第一定律的基础上得出的能量平衡关系式。物流携带的能量以焓表示，带入的总能量为 $\sum H_{in}$，带出的总能量为 $\sum H_{out}$。燃料燃烧的反应焓（燃烧

生成物与燃料、空气反应物之焓差）一般习惯用燃料的发热值的形式表示，作为外界提供的热收入项 $\sum Q_{in}$ 之一。热支出项 $\sum Q_{out}$ 中包括散热损失等。对于与外界有功量交换的设备，还应包括收入功（消耗功）项 $\sum W_{in}$ 和支出功（输出功）项 $\sum W_{out}$。所以，一般的能量平衡关系式可表示为

$$\sum H_{in}+\sum Q_{in}+\sum W_{in}=\sum H_{out}+\sum Q_{out}+\sum W_{out} \qquad (3-44)$$

在物流带出的焓中，包括有效利用的焓（如被热物料的焓、蒸汽的焓等）和未被利用的焓（如排气的焓等）。在建立了能量平衡关系后，分析哪些项属于消耗项（支付项），哪些项属于有效项（收益项），哪些项属于损失项，根据定义的能效率公式可求得其效率。当内部有化学反应时，由此产生的热可单独计入反应热项。

对周期性工作的热设备，如间歇操作的热处理炉，由于它是不稳定的过程，一般应按操作周期列出平衡方程式，并需考虑炉体的蓄热项。

㶲平衡是建立在物料平衡和能平衡的基础之上的。它与热平衡不同的是，在考虑能量数量平衡的同时，还要考虑能量的质量。实际过程均为不可逆过程，将产生一部分㶲损失而转变为㶲。因此，按热平衡的结果计算对应项的㶲值，收支将不会平衡。只有加上各项内部不可逆㶲损失项才能保持平衡。由㶲平衡得出的㶲效率能够从本质上全面地反映能量转换和利用的实际效果。

【例 3-1】 某燃煤蒸汽锅炉的蒸发量为 $D=410\text{t/h}$，蒸汽参数是：压力 $p=9.81\text{MPa}$，温度 $t=540℃$；给水温度 $t_s=220℃$；燃煤量 $B=44.5\text{t/h}$，其质量含水百分率 $w=5.54\%$，煤的低发热值 $Q_{dw}=25523\text{kJ/kg}$。每 1kg 燃料的排烟量为 $9.975\text{m}^3/\text{kg}$，排烟温度 $t_y=132℃$，排烟的比定压热容为 $c_p=1.3873\text{kJ/(m}^3\cdot\text{K)}$。试对锅炉进行热平衡和㶲平衡分析。

取锅炉炉墙外侧，包括烟风道直至烟囱出口为体系，系统的示意图如图 3-22 所示。以周围的环境温度（20℃）为基准，进入锅炉的空气温度与环境温度相同，空气预热器在体系内部，因此，进入体系的空气㶲值为零。

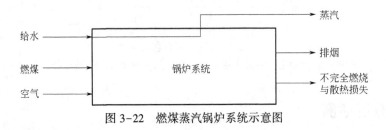

图 3-22 燃煤蒸汽锅炉系统示意图

根据水和水蒸气热力性质图表，可查得给水的焓为 $h_s=943.37\text{kJ/kg}$，蒸汽的焓为 $h_q=3476.1\text{kJ/kg}$，蒸汽所吸收的有效热为

$$Q_1=D(h_q-h_s)=410\times10^3\times(3476.1-943.37)=1038.93\times10^6(\text{kJ/h})$$

烟气带走的热损失为

$$Q_2=BV_yc_p(t_y-t_0)=44.5\times10^3\times9.975\times1.3873\times(405.15-293.15)=68.97\times10^6(\text{kJ/h})$$

燃料提供的热为

$$Q=BQ_{dw}=44.5\times10^3\times25523=1135.77\times10^6(\text{kJ/h})$$

热量的收支之差

$$\Delta Q=Q-(Q_1+Q_2)=1135.77-(1038.93+68.97)\times10^6=68.94\times10^6(\text{kJ/h})$$

ΔQ 是锅炉的不完全燃烧和散热等其他热损失之和。

锅炉的热效率为

$$\eta_{\text{tg}} = \frac{Q_1}{Q} = \frac{1038.93 \times 10^6}{1135.77 \times 10^6} = 91.47\%$$

在热平衡的基础上，可进行㶲平衡计算。燃料提供的㶲为

$$Ex_f = B(Q_{\text{dw}} + 2438w) = 44.5 \times 10^3 \times (25523 + 2438 \times 0.0554) = 1141.78 \times 10^6 (\text{kJ/h})$$

给水的㶲为

$$\begin{aligned}
Ex_s &= D[(h_s - h_0) - T_0(s_s - s_0)] \\
&= 410 \times 10^3 [(943.37 - 83.83) - 293.15(2.5172 - 0.2963)] \\
&= 85.478 \times 10^6 (\text{kJ/h})
\end{aligned}$$

蒸汽的㶲为

$$\begin{aligned}
Ex_q &= D[(h_q - h_0) - T_0(s_q - s_0)] \\
&= 410 \times 10^3 [(3476.1 - 83.83) - 293.15(6.7347 - 0.2963)] \\
&= 616.99 \times 10^6 (\text{kJ/h})
\end{aligned}$$

如果不计排烟与环境大气化学成分不平衡的扩散㶲，烟气压力近似等于环境压力，则烟气带走的㶲只是温度㶲，即

$$\begin{aligned}
I_2 = Ex_{\text{Ty}} &= BV_y c_p[(T_y - T_0) - T_0 \ln(T_y / T_0)] \\
&= 44.5 \times 10^3 \times 9.975 \times 1.3873 \times [(405.15 - 293.15) - 293.15 \ln(405.15/293.15)] \\
&= 10.558 \times 10^6 (\text{kJ/h})
\end{aligned}$$

煤的理论燃烧温度为

$$t_{\text{ad}} = t_0 + \frac{Q_{\text{dw}}}{V_y c_p} = 20 + \frac{25523}{9.975 \times 1.3873} = 1864.37 (\text{°C})$$

燃烧产物具有的温度㶲为

$$\begin{aligned}
Ex_{\text{Tr}} &= BV_y c_p[(T_{\text{ad}} - T_0) - T_0 \ln(T_{\text{ad}} / T_0)] \\
&= 44.5 \times 10^3 \times 9.975 \times 1.3873 \times [(2137.52 - 293.15) - 293.15 \ln(2137.52/293.15)] \\
&= 789.44 \times 10^6 (\text{kJ/h})
\end{aligned}$$

因此，由于燃烧不可逆产生的内部㶲损失为

$$I_r = Ex_f - Ex_{\text{Tr}} = 1141.78 \times 10^6 - 789.44 \times 10^6 = 352.34 \times 10^6 (\text{kJ/h})$$

与 ΔQ 其他热损失项相对应的其他外部㶲损失 I_o，若近似地按燃烧温度计算其热量㶲，则

$$I_o = \Delta Q \left(1 - \frac{T_0}{T_{\text{ad}}}\right) = 27.87 \times 10^6 \cdot \left(1 - \frac{293.15}{2137.52}\right) = 24.05 \times 10^6 (\text{kJ/h})$$

根据㶲的收支差，应为其他的内部不可逆㶲损失，即传热㶲损失，即

$$\begin{aligned}
I_c &= Ex_f + Ex_s - Ex_q - I_2 - I_r - I_o \\
&= (1141.78 + 85.478 - 616.99 - 10.558 - 352.34 - 24.05) \times 10^6 \\
&= 223.32 \times 10^6 (\text{kJ/h})
\end{aligned}$$

锅炉的㶲效率为

$$\eta_{\text{eg}} = \frac{Ex_g}{Ex_p} = \frac{Ex_q - Ex_s}{Ex_f} = \frac{(616.99 - 85.478) \times 10^6}{1141.78 \times 10^6} = 46.55\%$$

由计算结果可见，锅炉的㶲效率远低于其热效率，这是因为在㶲平衡中，内部不可逆燃烧和传热㶲损失之和 $I_r + I_c = 575.66 \times 10^6 \text{kJ/h}$ 占燃料㶲的 50.42%，构成了㶲损失的主体，而在热平衡中没有体现。

八、㶲分析的意义

（一）㶲的性质

通过上述对㶲、㶲损失、㶲平衡的分析、计算的掌握，可以进一步明确㶲的性质。㶲的性质包括以下五个方面。

1. 能量属性

㶲是能量中的可用能部分，应与能量具有相同的属性。对应于取决于物质状态的能量（焓等），㶲也有焓㶲等状态量；对应于取决于状态变化过程的能量（热量等），㶲有热量㶲等过程量。

2. 等价性

不同性质的能量，其品质有所区别。因此，不仅要注意能量的数量，更要注意能量的质量。㶲是根据热力学第一定律和第二定律得出的，将能量的质量和数量加以统一的度量标准。按能量的做功能力大小（能量中㶲的大小）作为衡量能量的统一尺度。能量中㶲值越大，能量价值越高，有用程度越大；两种能量若具有相同的㶲值，则认为它是等价的。尤其是对复杂的能源系统，采用㶲分析可以使不同质的能量有了统一的衡量尺度。

3. 相对性

㶲是以环境为基准的相对值，在环境状态下的能量均为不可用能。因此，需要对环境规定统一的物理基准（温度、压力）和化学基准（组成、成分等）。

4. 可分性

与能量具有可分（可加）性相同，㶲也具有可分性。㶲可以分为物理㶲和化学㶲。物理㶲又可以进一步分为温度㶲和压力㶲；化学㶲也可以进一步分为扩散㶲和反应㶲。每项㶲可以先单独计算，然后再进行累加。

5. 非守恒性

热力学第一定律是能量守恒定律，热力学第二定律是说明过程的方向性，用数学式表示是一个不等式。对孤立体系：

$$dS_{iso} \geq 0$$
$$dEx_{iso} \leq 0$$

因此，孤立系统的㶲只可能减少，最多保持不变。实际过程㶲是不平衡的，只有加上㶲损失（不可用能）才能保持平衡：

$$\sum Ex_{in} = \sum Ex_{out} + \sum I_i$$

根据输入㶲与输出㶲之差可以确定系统由于不可逆造成的总的内部㶲损失。

（二）㶲分析的作用

能量系统分析就是要搞清楚能量有效利用及损失的情况，以便寻求节能措施。但是，对能量的有效利用，首先是对㶲的有效利用；节能在很大程度上是要对㶲的节约。因此，在对系统进行能平衡分析时，应进一步进行㶲分析，才更为全面，所得结论更为可靠。

　　㶲效率是衡量能量转换设备或装置系统的技术完善程度或热力学完善程度的统一指标。㶲效率越接近1，表示设备或系统的热力学完善程度越好。通过㶲分析可以弄清装置（系统）中㶲损失率为最大的薄弱环节，为改进设备、节约能源提供主攻目标，以便采取相应的对策。

　　㶲分析包括评价、诊断、指明方向三个方面。

　　1.合理评价能量有效利用程度

　　热能是一种在不同条件下，质量上有很大差别的能量，而又是在整个能源最终消费中，占有最重要地位的一种能量。因此，利用㶲分析的方法，正确、合理地按质利用热能，对于提高热能的利用效果，节约能源有着十分重要的意义。

　　在热能的用户中，不同的生产工艺以及生活消费对热能的质量有不同的要求。要使热能得到合理利用，就必须根据用户需要，按质提供热能，不仅在数量上要满足，而且在质量上要相匹配，从而达到热尽其用。如果把高质量热能用于只需低质量热能的场合，必然是"大材小用"，造成了不必要的㶲值的浪费。

　　在使用热能的实际过程中，就有许多不是按质用热而造成热能浪费的现象。例如，在工厂中常见到把高参数（高品位）的蒸汽经过节流后降为低参数（低品位）蒸汽再使用。此时，尽管热能的数量基本上没有减少，但是它的㶲值损失就很大。例如，锅炉生产的1.3MPa的饱和蒸汽具有㶲值为1000kJ/kg左右，如果把它节流降压至0.3MPa后再使用，就会白白造成㶲损失170kJ/kg，约占原有㶲值的17%。

　　又如，利用燃料燃烧产生的热能直接对室内供暖时，实际上也是一种很不合理的用能方式。因为燃料在燃烧过程中，由于燃烧的不可逆，已损失掉30%左右的燃料㶲，就供热来说，也没有把1000℃以上的高温烟气的㶲值充分加以利用，又造成了很大的传热不可逆㶲损失。只是因为这种供热方式最为简便，目前利用最为广泛。实际上，它把优质热能用于低质热能完全可以满足要求的采暖上，其结果必然浪费了大量可用能。反之，如果先将燃料㶲通过热机系统转变为机械能，再利用机械能由"热泵"系统来提供采暖所需的低质热能，则可极大地节约能源。理论上讲，1kg燃料㶲可以提供12倍采暖需要的低位热能。

　　2.科学诊断各项能量损失的大小及比例

　　有效利用能量就是要减少能量损失。但是，不仅要看损失的能量数量，更要注意能量的质量。"节能"实质上是要"节㶲"。减少能量损失首先是要减少㶲损失。要分析影响㶲损失的因素，寻找减少损失的途径。

　　减少外部能量损失，同时能减少外部㶲损失。但是，在㶲损失中，更主要是过程的不可逆造成的内部㶲损失。理论和实践都表明，凡是有热现象发生的过程，如燃料的燃烧、化学反应、在有温差情况下的传热、介质节流降压，以及有摩擦的流动等，都是典型的不可逆过程，都要引起㶲值下降，造成㶲损失。热能工作者的任务就是要在用能过程中不要轻易地让㶲贬值。例如，燃烧和化学反应过程要尽量在高温下进行；加热、冷却等换热过程应使放热和吸热介质之间的温差尽可能小；力求避免介质节流降压和由于摩擦、涡流造成压力损失；在工艺流程中要尽量不使上述的不可逆过程多次重复。这些都是合理使用热能的一些基本原则。

　　对于使用热能的整个系统而言，不可逆造成的总㶲损失等于能量转换系统中包含的各个不可逆过程引起的㶲值损失 I_i 的总和。而 I_i 又与绝热系统熵增成正比：$I_i = T_0 \Delta S_i$。因此，对由 n 个不可逆过程的用能系统，总的㶲损失为

$$\sum I_i = \sum_{i=1}^{n} I_i = T_0 \sum_{i=1}^{n} \Delta S_i \qquad (3-45)$$

相应的㶲损失率为

$$\xi = \frac{\sum\limits_{i=1}^{n} I_i}{Ex_p} = \sum_{i=1}^{n} \frac{I_i}{Ex_p} = \sum_{i=1}^{n} \xi_i \qquad (3-46)$$

显然，在使用热能过程中，设法降低各个环节的㶲损失率 ξ_i 的值，特别是其中㶲损失率为最大的环节，就可提高使用热能的合理性。

3. 指导正确的节能方向

在能量损失中，有的还有回收利用价值，通常称为余能。对余能的回收利用是节能的重要方面，但是，不同的余能其利用价值不同。能量损失大的不一定㶲损失大，即不一定有利用价值。因此，只有正确评价余能，才能有效利用余能。采用㶲分析可以正确指导节能的方向。

物流离开系统时带出的㶲与不可逆过程的㶲损失不同，它是属于未被利用的㶲，由于温度水平不同，它们的质量有很大差别。因此，它们的利用价值不能只看其数量。例如，对凝汽式火力发电厂，在蒸汽透平后的冷凝器中，被冷却水带走的热要占总耗热量的60%左右。但是，由于冷凝温度已接近环境温度，品质很低，没有什么利用价值，按其㶲值计算则不到支付㶲的5%。

正确评价热能利用合理性是一项比较复杂的工作，不单纯是技术问题，有许多因素需要综合考虑。从大的方面来说，首先要明确减少㶲损失的理论根据。其次要考虑技术上是否有实现的可能。如果有此可能，就要进一步研究需要哪些物质条件，付出多少代价，然后再与提高㶲效率所带来的经济效益进行综合分析比较，从而得到比较合理的热能利用方案。因此，经济因素通常支配着过程的决策，在一定条件下，经济评价是最终评价。此外还要考察本方案是否符合环境保护条例，如对环境污染、噪声等要求。

经验证明，各种能源的比价必须订得合理，否则就会影响正确选择节约热能的技术措施。例如，㶲效率高或㶲耗低的先进技术措施，往往会因为所用能源的价格过高，误认为不经济而被否定；而㶲效率低或㶲耗高的落后技术措施，反而被误认为经济而被保留下来。这些情况都会造成能源的浪费。例如，我国电与煤的比价过大，阻碍着热泵这一节能新技术的推广。

思考题

1. 节能管理的内容是什么？
2. 什么是夹点分析？
3. 为什么要采用偏移温度进行能源平衡计算？是否可以用原始温度？如果可以，试用原始温度进行能量平衡计算和能级分析。
4. 什么是㶲平衡？它与能量平衡有什么不同？
5. 㶲损失计算方法有哪几种？
6. 举例说明㶲分析的意义。

第四章

合同能源管理

合同能源管理（energy-saving performance contracting，ESPC）作为一种全新节能产业和节能机制，旨在通过节能服务公司和用户以契约的形式，对节能项目约定节能目标和商业运作模式，并主要通过以节省能源费用或节省能量、支付项目成本，取得节能收益。本章从介绍合同能源管理的基本概念及实施步骤入手，引入企业实施合同能源管理进行节能的实例分析，最后对合同能源管理发展面临的主要问题进行了阐述。

第一节　合同能源管理基本概念及实施步骤

一、合同能源管理的基本概念

20 世纪 70 年代，合同能源管理起源于美国。第一次石油危机的出现，使能源价格大幅上涨，企业和政府机构都有降低能源消耗、节约能源成本的迫切需要。在市场经济高度发达的欧美国家，合同能源管理作为一种市场化的节能手段，在企业层面逐渐得到发展，并受到政府的逐步重视。1987 年，美国国家能源服务协会（National Association of Energy Service Companies）成立，充分发挥行业协会优势，为会员单位提供业务培训、政策研究等服务，成为节能服务公司与政府沟通的重要桥梁。

从合同类型角度划分，一般分为节能效益分享型、节能量保证型、能源费用托管型、节能设备租赁型以及包含两种以上合同类型的混合型合同等合同类型，具体表现为：

（1）节能效益分享型又被称为 BOT 模式，主要由节能服务公司（energy management company，EMCO）主动承担项目节能改造的全部（或绝大部分）资金投入，同时负责整个项目的实施和管理。在合同期内，节能项目产生的节能收益由 EMCO 和用能方（energy user，EU）共同分享。

（2）节能量保证型，一般适用于实施周期短，能够快速支付节能效益的节能项目，合同中一般会约定固定的节能量价格，不需要对实际节能率进行测定。

（3）能源费用托管型一般适用于公共机构的节能管理服务。

（4）节能设备租赁型，由融资公司投资购买节能服务公司的节能设备和服务，并租赁给用户使用，根据协议定期向用户收取租赁费用。节能服务公司负责对用户的能源系统进行改造，并在合同期内对节能量进行测量验证，担保节能效果。项目合同结束后，节能设备由融资公司无偿移交给用户使用，以后所产生的节能收益全归用户。

在实践层面，节能效益分享型模式可以很好地激发缺乏充足节能改造资金和成熟节能技术 EU 的自愿参与积极性，成为客户的首选。

合同能源管理的基本概念如图 4-1 所示，在 EMCO 服务过程中，节能收益用于支付服务费、贷款、设备投资、客户收入等。服务过程结束，也就是节能合同结束后，节能收益全归客户。因此，在 EMCO 为客户提供全过程服务中，客户的支付和收益全部来自节能效益，客户的现金流始终是正的，如图 4-2 所示，图中横轴上面的直方表示收益，横轴下面的直方表示投资。

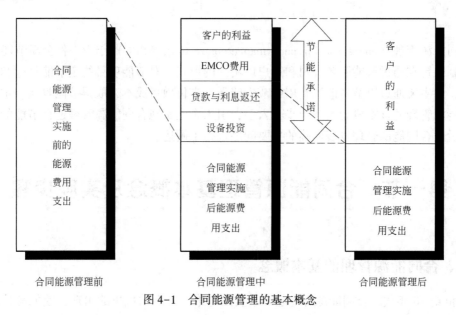

图 4-1　合同能源管理的基本概念

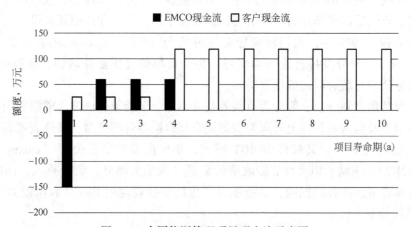

图 4-2　合同能源管理项目现金流示意图

EMCO 并非推销产品或技术，而是为了达到双赢效果而形成的特殊产业。EMC 公司主要采取了节能投资服务管理的经营机制，当客户得到节能效益后，EMC 公司将与客户一起共同分享节能成果。

合同能源管理作为一种节能手段，具有很大的优势：一是节能效果有保证。通过签订合同的方式，节能服务公司与用能企业事先约定节能量，这是合作的基础，而且一般节能率最低在10%，最高可达50%。二是用能企业投资压力小。节能设备的购买、工程设计和施工等一般由节能服务公司负责，并在后期节能量的基础上分享节能收益，因此对于用能企业来说投资压力比较小。三是节能服务更专业。实行合同能源管理相当于将用能企业的节能工作外包给经验丰富、专业性强的节能服务公司，比起用能企业自己抓节能，节能服务公司能更专业地完成工作。同时用能企业还可以获得更多管理经验和节能知识，提高用能企业的节能素质。

据中国节能协会节能服务产业委员会（EMCA）统计，2019年，节能服务产业总产值以9.4%的增速平稳发展，达到5222.37亿元，全国从事节能服务的企业6547家，行业从业人数76.1万人，节能与提高能效项目投资1141.12亿元，形成年节能能力$3801.13×10^4$t标准煤，年减排二氧化碳$10300.71×10^4$t。节能服务产业继续保持了良好发展势头。

二、合同能源管理的实施步骤

合同能源管理的具体实施步骤视服务对象（委托方）的实际情况有所不同，但基本的实施步骤如图4-3所示：

（1）与用户沟通洽谈，进行能源审计，分析节能项目实施的可行性，针对用户具体情况进行节能诊断、节能评估等工作；

（2）如果用户接受EMCO的建议，EMCO可向用户提供节能改造方案的设计，并对实施方案和节能效益做出分析预测；

（3）基于前两步的成功实施，EMCO可与用户进行能源管理合同的谈判与签署；

（4）合同签署后，EMCO向用户提供项目设计、项目融资、原材料和设备采购、施工安装和调试、运行保养和维护、节能量测量与验证、人员培训、节能效果保证等全过程服务；

（5）由EMCO与用户共同协商确定节能量，并进行节能效果的验收；

（6）在合同期内，EMCO对项目的有关投入（安装调试、运行保养、维护等）拥有所有权，并按合同规定分享节能效益；

（7）合同期满后，EMCO退出，将项目移交用户，此时项目所有权归用户所有。

第一步中，可行性分析的目的只是说明所提议的项目有无开展节能工作的可能性，没有具体到是否具有实施的可能性。在节能项目可行性分析的基础上进行项目能耗诊断，节能评估是非常重要的，这是合同能源管理能否实施的关键。其中，项目节能诊断又是节能评估的前提。

合同能源管理作为一种极具竞争力的商业模式，节能项目的成功与否取决于节能效果。在节能项目开始之初，EMCO主观上容易夸大节能项目的节能效果，而项目实施后，往往达不到预期的节能效果。这样既影响了EMCO的效益，也在不同程度上对委托方的工作计划造成干扰。实际上，节能达不到预期效果，主要还是技术能力不够，缺乏对项目实施前后能耗的准确预测。

由于节能项目的风险大部分由EMCO承担，因此，EMCO在项目方案的设计上必须从经济效益出发，选择最科学最合理的优化方案，使节能的经济效益最大，避免"节能不节钱"的现象出现。由于EMCO从节能效益中获得的收益与项目实施前后节能效果密切相关，这就要求双方合作的诚信，特别是EMCO的严格管理。因此，EMCO一般在项目的前期准备工

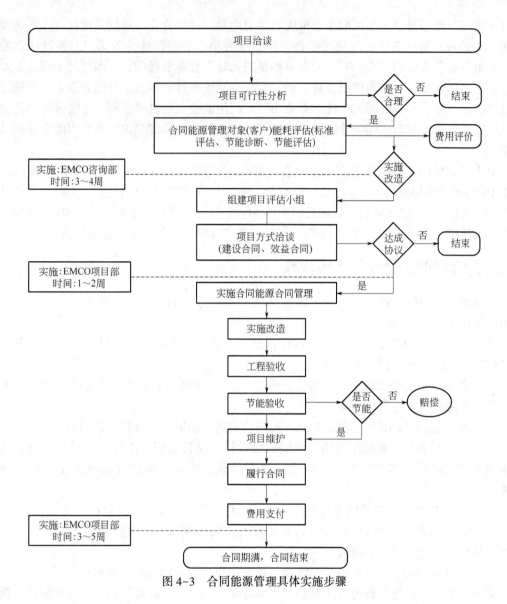

图 4-3 合同能源管理具体实施步骤

作中会投入大量精力, 对项目的可行性、可靠性进行调研。根据调研结果对节能项目实施前后的能耗进行深入分析是准确预测节能效果的关键。

对节能项目进行节能诊断, 首先必须对项目所涉及的系统进行详细的分析, 确定需要收集的资料, 编制节能诊断调查表, 对所收集到的资料必须认真分析, 仔细核算, 必要的话, 还需进行现场实时测量, 以确保节能诊断资料的准确性, 从而为节能评估提供可靠的依据。

节能项目的收益取决于节能效果, 而节能效果又与各种计量问题密切相关。计量问题包括计量标准的确定、计量方法的选择、计量仪器的误差特性等。有些计量问题尚处于研究中, 如在分析通过采用节能性围护材料实施建筑节能后的节能效果时, 需要采用大家均认可的计量标准、计量方法等, 但目前没有这方面的统一标准与方法。

计量问题贯穿整个合同能源管理项目。EMCO 与委托方在项目开始之初, 都对项目的能耗水平进行评价。EMCO 通过评价确定项目实施与否, 委托方通过评价对项目进行确认。这其中对涉及所有计量问题以及合同能源管理范围的确定、能耗计量数据缺乏的解决方法、节能效果干扰因素的排除等，必须达成共识，在此基础上才能进入第二步，即谈判、签署能源管理合同。

能源管理合同谈判的内容包括合同期、合同期内双方所承担的责任和节能效益的分享方案、合同结束后相关产权的归属等。

第二节　合同能源管理实施举例

一、合同能源管理在核电行业的应用

合同能源管理在核电行业的应用非常广泛，此处以大亚湾核电站18个月换料工程为例。

（一）18个月换料工程招标与项目进程

早在1997年年底，广东核电合营有限公司（GNPJVC）便意识到了核电在经济上具有的竞争优势，制定了第一个五年发展计划。为了贯彻核燃料制造国产化和设计自主化的国策，实现高燃耗燃料组件制造的同步国产化。GNPJVC与拥有设计技术的宜宾核燃料元件厂（YFP）、核燃料制造技术的中国核动力研究设计院（NPIC）达成了合作伙伴的关系。GNPJVC向世界著名的三大核燃料集团西屋、法马通和西门子公司招标，最终法马通中标。18个月换料项目进程如图4-4所示。

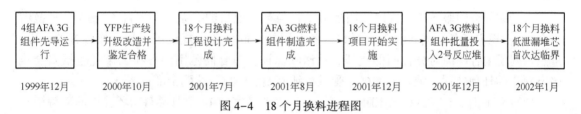

图4-4　18个月换料进程图

（二）合理的项目管理

经前期公平公正的招标与评标，并综合YFP和NPIC的意见后，GNPJVC选择了法马通公司成为主要合作伙伴，使之承担实施18个月换料循环项目的设计、技术、质量、供应和进度的最终责任。在AFA 3G燃料组件的制造过程中，法马通派出了两批专家驻厂监造，提供及时的技术支持和服务，为YFP能按时顺利完成AFA 3G组件制造提供了坚强后盾。

3年项目执行期间，YFP、NPIC和法马通公司三方均围绕着于2001年12月在大亚湾实现18个月换料的总目标有序开展工作。三方共同建立了规范、完善的计划与跟踪体系来控制计划内和计划外的项目进展，开展分工协作与总体控制、多合同管理、项目定期进展会议和项目变更管理。

1. 分工协作与总体控制

由于项目工程量大、技术难度高、涉及专业面广、参与工作的单位和技术人员多、耗时长、投资大，是一项复杂的系统工程。为了做好这项工作，大亚湾核电站在1997年9月成立专题项目组，从技术上和组织上对项目负责，总体控制。参与大亚湾18个月换料工作的中外合作单位都成立了项目组、委任各自的项目经理分管责任范围内的工作，并受大亚湾项目组的领导。其中，大亚湾项目组负责可行性研究、技术方案确定和规范编写、设计参与、设计审查和技术决策、对承包商的质保审查和质量控制、技术转让、燃料生产监造、现场系统和设备改造实施、技术规程和文件修改、先导组件监督检查、执照申请管理和人员培训等。大亚湾 18 个月换料项目组的组成如图 4-5 所示。

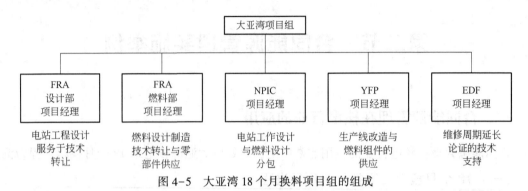

图 4-5　大亚湾 18 个月换料项目组的组成

2. 多合同管理

根据项目目标和任务的多元性，按系统工程方法组织合同体系。合同体系结构为：GN-PJVC 与法马通签订《电站工程服务合同》《电站工程技术转让合同》《AFA 3G 四组先导组件合同》《18 个月换料主合同》；中国原子能工业公司代理 YFP 与法马通签订《AFA 3G 组件设计与制造技术转让合同》；设计论证的分包商 NPIC 与法马通签订《电站工程服务分包合同》。

为了使分合同服务于总进度，明确分项目与整个项目的关系，特签订了《18 个月换料主合同》，规定了各合同间范围与接口，各合同的共同条款，规定了中外合作各方的职责，重点强调了主合同商对分合同的责任、承诺和保证，对合同范围内各项工作（包括安全执照申领）的任何错误、缺陷、漏失、受阻和延迟无偿补救，达到全部目标。

1999 年 6 月，GNPJVC 与 EDF 签订了《对大亚湾实施 18 个月燃料循环提供的支持服务协议》，用以论证维修周期的延长。随后，GNPJVC 与阿尔斯通公司签订了《常规岛延伸运行论证合同》，与中国广东核电集团苏州核电研究所签订了《环境影响评价合同》。

所有上述合同中，都包括严格的进度计划。在项目执行的 3 年中，合同各方严格履行合同。严格控制超出合同的计划更改，必须更改时，通常须通过项目定期进展会议讨论决定。

3. 项目定期进展会议

18 个月换料工程每季度召开一次由大亚湾挑头的项目进展会议。项目进展会的主要议程包括：过去的一季度中合同计划进展汇报，由法马通设计部和 NPIC 汇报 18 个月燃料循环工程设计进展；由宜宾厂和法马通核燃料部汇报生产线改造进展，上次会议的规定活动执行情况，待解决的问题，下季度应完成的工作等，并协调解决项目相关重大问题。

4. 项目变更管理

在 18 个月换料项目中，对项目变更是严加控制的，通常须通过听取合作各方意见、召开专题讨论会，并报经公司批准才最后确定。

虽然 18 个月换料在国际上已有多年的经验，是成熟技术。但由于每个电站自身条件的区别，18 个月换料的方案不尽相同，风险也各有特点。大亚湾实施 18 个月换料方式运行也存在很多风险，有技术方面的，也有组织管理方面的。在可行性研究和招评标阶段，项目组

未充分利用的低温热，也不适合同时供热、供冷的目标。而且它的冷、热、电变工况可控性也比不上程循环。所以，按目前所了解的情况，现有 HAT 循环也不宜用在分布式能源系统，除非将其加以改动，如再与程循环结合起来。程循环与 HAT 循环中都要消耗不少清洁的给水，会浪费水资源，原则上可以采取冷却排气回收。这项技术并不难，我国不少用户也已采用；但用户附近最好还是有可用的普通冷却用水。

对活塞式内燃机，还很少听到有关它在分布式能源系统中使用不同循环形式的研究报道，也许因为在分布式能源系统中用活塞式内燃机较少之故。不过活塞式内燃机可利用余热相对较少，采用补燃可能对它更为适用。与燃气轮机不同，对活塞式内燃机补燃一般还要补空气。

由于分布式的能源系统用广义的内燃机，所以一般只能燃用气、液燃料，另外也使得它比较易于达到环保要求。

（四）适合用分布式能源系统的地区

由于分布式能源系统的初投资大，要用好燃料；同时要有比较稳定的冷、热、电用户，主要是第三产业和住宅用户；要求具有环保性能较好的特点等，所以，它在我国比较适合应用的地区显然是经济比较发达的地区。从地域分布来说，主要是珠江三角洲、长江三角洲、环渤海地区等。这些地方是我国现在经济高速发展的黄金宝地，也是应该"先环保起来"的地区，而且经济上也确实有可能适宜使用分布式能源系统的地方。另外，分布式能源系统既然是"分布"，也就是说与大电厂、大电网不一样，不是由一小批经验丰富的技术人员集中运行管理，而是分散式运行管理，这就要求使用区域的总体科技文化水平和人员素养较高。

上述看法并不是说其他地方就不能装配使用分布式能源系统，而只是对最先发展它的可能区域进行了一个判断。其他地方，如在天然气产地附近、天然气价格特别便宜的地方，分布式能源系统的应用可能也会是适合的。就如同经济上"先富起来"，应该带动其他地方"共同富裕"一样，分布式能源系统在"先富起来"的地区发展了，也会以其取得的成效与经验带动这种系统在其他地方发展起来。不过，目前看来，分布式能源系统是能源利用的一个新的发展方向，但在可预见的较长一段时间内，大电厂与大电网仍是我国电力供应的主流。

二、微电网运行与管理

微电网从系统观点看问题，将发电机、负荷、储能装置及控制装置等结合，形成一个单一可控的单元，同时向用户供给电能和热能。微电网中的电源多为微电源，亦即含有电力电子界面的小型机组（小于 100kW），包括微型燃气轮机、燃料电池、光伏电池以及超级电容、飞轮、蓄电池等储能装置。它们接在用户侧，具有低成本、低电压、低污染等特点。微电网既可与大电网联网运行，也可在电网故障或需要时与主网断开单独运行。它还具有双重角色：对于公用电力企业，微电网可视为电力系统可控的"细胞"，如这个"细胞"可以被控制为一个简单的可调度负荷，可以在数秒内做出响应以满足传输系统的需要；对于用户，微电网可以作为一个可定制的电源，以满足用户多样化的需求，如增强局部供电可靠性，降低馈电损耗，支持当地电压，通过利用废热提高效率，提供电压下陷的校正，或作为不可中断电源。由于微电网灵活的可调度性且可适时向大电网提供有力支撑，学者形象地称之为电力系统的"好市民"和"模范市民"。此外，紧紧围绕全系统能量需求的设计理念和向用户提供多样化电能质量的供电理念是微电网的两个重要特征。在接入问题上，微电网的标准只针对微电网与大电网的公共连接点，而不针对各个具体的微电源。微电网不仅解决了分布式电源的大规模接入问题，充分发挥了分布式电源的各项优势，还为用户带来了其他多方面的效益。

（一）微电网的基本结构

图 6-4 所示为美国电力可靠性技术解决方案协会（CERTS）提出的微电网基本结构。图中包括 3 条馈线 A、B、C 及 1 条负荷母线，网络整体呈辐射状结构。馈线通过主分隔装置（通常是一个静态开关）与配电系统相连，可实现孤网与并网运行模式间的平滑切换。该开关点即 PCC 所在的位置，一般选择为配电变压器的原边侧或主网与微电网的分离点。分布式电源接入标准 IEEEP1547 标准草案规定：在 PCC 处，微电网的各项技术指标必须满足预定的规范。负荷端的馈线电压通常是 480V 或更低。

图 6-4 展示了光伏发电、微型燃气轮机和燃料电池等微电源形式，其中一些接在热力用户附近，为当地提供热源。微电网中配置能量管理器和潮流控制器，前者可实现对整个微电网的综合分析控制，而后者可实现对微电源的就地控制。当负荷变化时，潮流控制器根据本地频率和电压信息进行潮流调节，当地微电源相应增加或减少其功率输出以保持功率平衡。

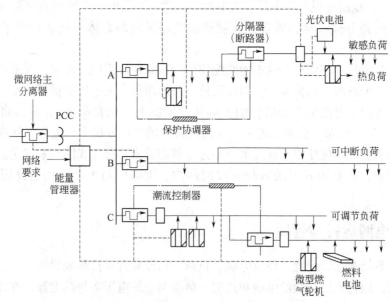

图 6-4　CERTS 提出的微电网基本结构
—电力传输线；---信息流线；-·-保护信息传输线

图 6-4 还示范了针对三类具有不同供电质量要求的负荷的个性化微电源供电方案。对于连接在馈线 A 上的敏感负荷，采用光伏电池供电；对于连接在馈线 C 上的可调节负荷，采用燃料电池和微型燃气轮机混合供电；对于连接在馈线 B 上的可中断负荷，没有设置专门的微电源，而直接由配电网供电。这样，对于敏感负荷和可调节负荷都是采用双源供电模式，外部配电网故障时，馈线 A、C 上的静态开关会快速动作使重要负荷与故障隔离且不间

断向其正常供电，而对于馈线 B 上的可中断负荷，系统则会根据网络功率平衡的需求，在必要时将其切除。

该结构初步体现了微电网的基本特征，也揭示出微电网中的关键单元：（1）每个微电源的接口、控制；（2）整个微电网的能量管理器，解决电压控制、潮流控制和解列时的负荷分配、稳定及所有运行问题；（3）继电保护，包括各个微电源及整个微电网的保护控制。

微电网虽然也是分散供电形式，但它绝不是对电力系统发展初期的孤立系统的简单回归。微电网采用了大量先进的现代电力技术，如快速的电力电子开关与先进的变流技术、高效的新型电源及多样化的储能装置等，而原始孤立系统根本不具有这样的技术水平。此外，微电网与大电网是有机整体，可以灵活连接、断开，其智能性与灵活性远在原始孤立系统之上。

（二）微电源概述

微电源是微电网中重要的组成部分。它反应时间在毫秒级，采集本地信息来控制微电源。微电源自身基本的动作不需要为电源之间的联系，即每个变换器在负荷变化的情况下不用与其他电源等装置进行数据交换。控制器的基本输入量是输出功率的稳定工作点时的母线电压和功率。在时域中，电源总供给功率和负荷总需求功率都是动态变化的，并且两者并不是每时每刻都能达到供需平衡。在电源总发电功率大于负荷总需求功率时，将多余的能量储存在储能单元中；同样的，在电源总发电功率小于负荷总需求功率时，将储能单元中储存的能量以恰当的方式释放出来。如今，储能方式有许多种，各种方式的性能也是各异。需要研究根据系统稳定的需求来选择储能方式。

传统电力系统的电源都是同步发电机。然而，微电源因燃料来源而各不相同，可以将供电电源分成三种基本的大类：

（1）直流电源，如燃料电池、太阳能电池、蓄电池以及储能电容器等，其并网方式如图 6-5 所示。

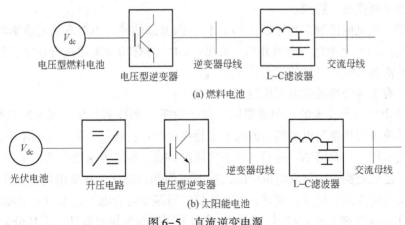

(a) 燃料电池

(b) 太阳能电池

图 6-5　直流逆变电源

（2）交直交电源，如微轮机，其发出的交流电需要整流然后逆变，如图 6-6 所示。

（3）工频交流电源，如以鼠笼式感应发电机为主的风力发电机和传统的小功率同步发电机。

储能主要是指电能的储存，并通过某种介质或者设备，将各种形式的能量储存起来，根据现场所要应用的形式，将特定的能量释放出来的过程。储能技术广泛应用于智能电网建设

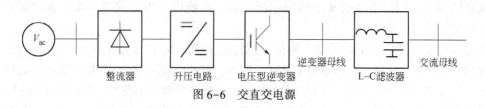

图 6-6　交直交电源

的发电、输电、配电、用电四大环节，也是发展可再生能源接入、分布式发电、微电网和电动汽车的必要支持技术。根据能量的具体形式，储能可分为化学储能、电磁储能、物理储能等。

其中化学储能主要是指电池储能，其在储能密度、储能效率、储放电速率等方面具有明显优势。化学储能主要适用于新能源发电侧平滑波动、调频等快速响应的应用场景。目前适合电网规模化应用的电池技术主要有铅酸电池、锂电池、钠硫电池和液流电池。电磁储能主要包括超级电容器储能和超导磁储能，是功率型储能技术。物理储能主要包括抽水蓄能、飞轮储能和压缩空气储能等。

（三）微电网中的关键问题及相关研究

1.微电网的控制

由微电网的结构分析可以看到，微电网如此灵活的运行方式与高质量的供电服务，离不开完善的稳定与控制系统。控制问题也正是微电网研究中的一个难点问题。其中一个基本的技术难点在于微电网中的微电源数目太多，很难要求一个中心控制点对整个系统做出快速反应并进行相应控制，往往一旦系统中某一控制元件故障或软件出错，就可能导致整个系统瘫痪。因此，微电网控制应该做到能够基于本地信息对电网中的事件做出自主反应，例如，对于电压跌落、故障、停电等，发电机应当利用本地信息自动转到独立运行方式，而不是像传统方式中由电网调度统一协调。

具体来讲，微电网控制应当保证：（1）任意微电源的接入不对系统造成影响；（2）自主选择运行点；（3）平滑地与电网并列、分离；（4）对有功、无功进行独立控制；（5）具有校正电压跌落和系统不平衡的能力。

目前，已有 3 类经典的微电网控制方法：

（1）基于电力电子技术的"即插即用"与"对等"的控制思想。该方法根据微电网控制要求，灵活选择与传统发电机相类似的下垂特性曲线进行控制，将系统的不平衡功率动态分配给各机组承担，具有简单、可靠、易于实现的特点。但该方法没有考虑系统电压与频率的恢复问题，也就是类似传统发电机中的二次调整问题，因此，在微电网遭受严重扰动时，系统的频率质量可能无法保证。此外，该方法仅针对基于电力电子技术的微电源间的控制。

（2）基于功率管理系统的控制。该方法采用不同控制模块对有功、无功分别进行控制，很好地满足了微电网多种控制的要求，尤其在调节功率平衡时，加入了频率恢复算法，能够很好地满足频率质量要求。另外，针对微电网中对无功的不同需求，功率管理系统采用了多种控制方法，从而极大增加了控制的灵活性并提高了控制性能。但与第（1）种方法类似，这种方法只讨论了基于电力电子技术的机组间的协调控制，未能综合考虑它们与含调速器的常规发电机间的协调控制。

（3）基于多代理技术的微电网控制方法。该方法将传统电力系统中的多代理技术应用于微电网控制系统。代理的自治性、反应能力、自发行为等特点，正好满足微电网分散控制的需要，提供了一个能够控制性能但又无须管理者经常出现的系统。但目前多代理技术在微电网中的应用多集中于协调市场交易、对能量进行管理方面，还未深入到对微电网中的频率、电压等进行控制的层面。要使多代理技术在微电网控制系统中发挥更大作用，仍有大量研究工作需要进行。

2. 微电网的保护

微电网的保护问题与传统保护有着极大不同，典型表现有：（1）潮流的双向流通；（2）微电网在并网运行与独立运行两种工况下，短路电流大小不同且差异很大。因此，如何在独立和并网两种运行工况下均能对微电网内部故障做出响应以及在并网情况下快速感知大电网故障，同时保证保护的选择性、快速性、灵敏性与可靠性，是微电网保护的关键，也是微电网保护的难点。

传统的电流保护显然无法满足微电网保护的特殊要求。目前，针对单相接地故障与线间故障，有学者提出了基于对称电流分量检测的保护策略。该方法以超过一定阈值的零序电流分量和负序电流分量作为主保护的启动值，将传统的过电流保护与之结合可取得良好的效果。

虽然国际上已有学者研制出微电网保护的硬件装置，但人们仍在对更加完善的保护策略进行积极探索。发电机和负荷容量对保护的影响、不同类型发电机对保护的影响及微电网不同运行方式和不同设计结构对保护的影响等问题都是微电网保护策略研究中所关注的重点。

（四）微电网的经济性

微电网的经济性是微电网吸引用户并能在电力系统中得以推广的关键所在。在经济运行方面，微电网虽然可以从大电网的调度原则、电能交易、资源配置原则等方面借鉴众多经验，但微电网本身的许多独特之处也使得其经济运行问题带有自身特点。文献对微电网的经济性做了概括性总结。从目前研究来看，微电网的经济性研究主要体现在两个方面。

1. 微电网系统设计的研究

微电网的经济效益是多方面的，但从用户来看，其效益主要集中于能源的高效利用和环保以及个性化电能供给的安全、可靠、优质等方面。

优化资源配置、实现高效能源供给是体现微电网经济性的重要方面，也是微电网研究中的一项重点。目前，由美国 CERTS 提出的分布式电源用户侧模型是对微电网资源结构进行经济设计的重要工具。该模型将分布式发电的安装和运行成本等与电力部门的供电费用结构进行比较，可以为用户提供供电效果佳且成本低的分布式发电技术组合以及热电联产的技术配置决策。更进一步的研究还将该模型与地理信息系统相结合，应用地理信息系统的数据信息对用户周围的地理因素进行识别和分析，采用就近组合原则形成用户群，为实现微电网良好的经济效益提供了重要的现实基础。

许多学者已将该模型应用到基于微电网的热电联供设计中，并取得了一定成果。但该模型还只是针对简单的微电网结构进行设计，仍需在微电网的发展中不断完善。多样化的电能供给也是微电网为用户带来的另一效益。文献提出了较为具体的利用微电网提供多种电能质量，改善系统可靠性、安全性与可用性水平的基本思想。按用户对电力供给的不同需求，负荷将被分类和细化，最终形成金字塔式的负荷结构。其中，对电能质量要求不高的多数负荷位于金字塔的底端，而对电能质量要求极高的少数负荷位于金字塔顶层。负荷电能质量的分级体现了微电网个性化供电的特点，但如何设计合适的微电网以实现这个复杂的分级结构仍是实际应用中的难点。

2. 经济效益的评估和量化

微电网的经济效益评估和量化是微电网吸引力的最直接表达。虽然目前已有相关文献对微电网的热电联产效益及可靠性量化指标等进行评估，但至今尚无有效方法将微电网对用户、电力部门及社会的效益全面量化。随着微电网研究的深入与成熟，微电网经济效益的不确定性必将成为阻碍其发展的重要因素。

管理和市场方面除技术与经济上的问题外，微电网发展还有许多管理和政策上的障碍。灵活协调微电网内部的能量交换与管理，建立高效、公正、安全的市场机制，重新定位供电方、电网及用户三者的角色与责任，加紧制定相应的管理政策和法规等是当前及今后一段时期的努力方向。

三、各能源综合协同利用系统运行与管理

（一）综合能源系统的概念与特点

综合能源系统是下一代智能的能源系统，使得能源系统的能量生产、传输、存储和使用有了系统化、集成化、精细化的运行与管理。综合能源系统是能源互联网的重要物理载体，是实现多能源互补、能源梯级利用等技术的关键，区域综合能源系统是综合能源系统在地域上和功能上实现的具体体现，根据地理因素和能源特性，能源系统可分为跨区级、区域级和用户级。综合能源系统可以实现各种能源的协同优化，利用各个能源系统之间在时空上的耦合机制，一方面实现能源的互补，提高可再生能源的利用率，从而减少对化石能源的利用；另一方面实现了能源梯级利用，从而提高了能源的综合利用水平。

以分布式冷热电联供（DES/CCHP）为代表的系统在我国已经得到示范应用，其将电力系统、供气系统、供热系统和供冷系统通过相关的信息通信建立对应的耦合关系，典型综合能源系统结构如图 6-7 所示。多能耦合和互动是综合能源系统典型的物理特征。

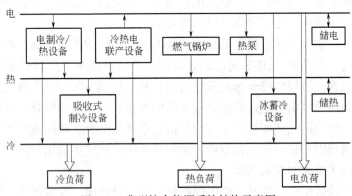

图 6-7　典型综合能源系统结构示意图

综合能源系统可以实现不同能源形式之间的转换，如可以将过剩电能转化为易于储存的氢能等其他能源形式，从而实现可再生能源的高效利用与大规模消纳，从根本上对能源结构进行调整，促进可持续发展。此外，由于各个能源系统之间的互联，所以当某个能源系统出现故障时，其他的能源系统通过获取相应信息，利用能源之间的转换供给弥补故障时的供能

缺额，为能源系统在紧急情况下的协调控制提供了更为丰富的手段，从而实现整个综合系统的稳定与可靠运行。

(二) 综合能源系统的技术挑战

与传统能源系统相比，综合能源系统集成多种类型能源供应，具有能源供应可靠性高、能源利用效率高等特点。为了保证多种类型能源的协调优化以及综合能源系统的可靠运行，其面临技术挑战主要体现在以下方面：多种能源的耦合与建模、控制装备对多能系统适用性、综合能源系统多能故障处理。

1. 多种能源的耦合与建模

综合能源系统在能源的生产和消费过程中，同时耦合了电能、热能、天然气等多种能源，一个基本的综合能源系统结构如图6-8所示。在综合能源系统中，电能、热能、天然气等多种能源可以直接供用户使用，也可以通过热电联产机组、制冷压缩机等设备实现冷/热/电/气相互转化利用。

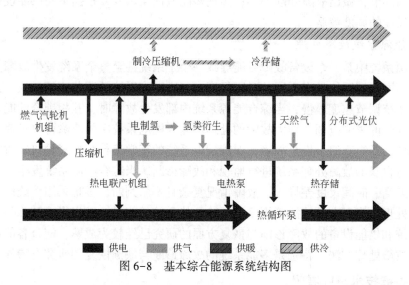

图6-8 基本综合能源系统结构图

多能流耦合系统最基本的特点是由不同能源种类的能流系统组成，各能流系统具有不同的模型和控制方法，传输和转换特性各不相同，难以准确描述多能流耦合系统的运行状态。各能流系统往往独立规划设计，相互间缺乏协调，由不同时间尺度的能流系统组成的多能流耦合系统也会具有多时间尺度的特点，导致不同能流系统间的相互作用变得更加复杂，影响整个系统的安全性和稳定性。多能流耦合系统由于在时间尺度上的差异，会影响多能流耦合系统的优化调度周期并增大求解难度，需要建立混合时间尺度优化调度模型，准确描述多能流耦合系统的运行状态，保证系统的安全高效运行。

多能流耦合的综合能源系统是一个复杂的多输入、多输出系统，包含多种能源形式的相互转换，对综合能源系统进行建模必须考虑电、热、气等能源系统的特性差异和数学模型各异的能源设备，结合对多时间尺度动态特性的研究，进行能量传输和转化过程的动态描述，建立多能流耦合系统的统一模型。

多种能源通过能源设备相互耦合，形成复杂的系统。随着综合能源系统的不断发展，各能源系统之间的耦合势必不断增强，系统建模将更加困难。因此需要深入研究多种能源耦合情况下的建模方法，建立可以描述多能系统运行和互补特性且具有可扩展性的综合能源系统模型，为多能系统的协调控制提供研究基础。

2. 控制装备对多能系统的适用性

综合能源系统中各能源系统相互耦合、可再生能源种类丰富、负荷组成多样，这些问题使得综合能源系统具有系统结构复杂、控制难度高等特点。传统的控制装备大多针对单一能源系统进行协调控制，无法适用于多种能源系统相互耦合的综合能源系统，不具备通用性。

因此需要研制可以统一控制综合能源系统中多种能源系统的控制装备，尽量避免全局信息交互的集中式控制，研究仅通过交换必要信息的分布式控制，减少控制装备对通信网络的依赖。需要研制通过多能互补综合能量管理系统（integrated energy management system，IEMS）实现对综合能源系统内各类资源的统一管理，在保证供能安全的前提下，降低用能成本，提高综合能源系统的经济效益。

控制装备需要实现多能流数据采集与监控（supervisory control and data acquisition，SCADA），稳定实时地对综合能源系统进行数据采集和监控；实现多能流安全评估，关注系统内易发生故障的环节，做出故障处理预案；实现多能流优化调度，根据不同供能设备的特性做出不同时间尺度的调度策略。

3. 综合能源系统故障处理

综合能源系统中某一个设备故障可能导致一个子系统甚至整个系统发生故障。由于综合能源系统内不同能源系统具有不同的时间尺度，其中电力系统的调节速度最快，天然气系统次之，热力系统调节速度最慢，当综合能源系统内部发生故障时，互相耦合的能源系统相互影响会扩大故障的影响范围，增大故障的处理难度。配电系统中的故障可以迅速进行故障定位、故障隔离、系统重组、恢复故障，保障配电系统的正常运行；燃气轮机等供能设备故障时，可以通过自身的故障处理系统进行监视和故障诊断。当综合能源系统发生故障时，由于系统耦合程度高、时间尺度差异大，故障情况复杂且不易判断，很难采用传统的故障处理方法进行故障处理，当配电系统故障恢复后，冷、热系统的能量缺额仍得不到弥补。

配电系统和供能设备的故障诊断与恢复方面的研究已经较为成熟，配合各能源系统不同时间尺度的故障处理方法，特别是多能系统的故障诊断与缺额恢复的研究有待深入。

（三）关键技术研究展望

综合能源系统的发展面临着多种能源的耦合与建模、控制装备对多能系统适用性、综合能源系统故障处理三个技术难题。

1. 综合能源系统外特性建模与评估方法

综合能源系统外特性建模与评估方法是研究综合能源系统协调控制技术的基础，需要研究含分布式能源、主动负荷的工商业综合能源控制外特性描述方法，建立其可调控能力评估模型与评估方法，为综合能源系统的协调控制提供模型与底层数据支持。

针对综合能源系统内部负荷组成多样的问题，研究主动负荷分类以及各类负荷获得的效用与能源消耗之间的数量关系，建立用能效用函数，提出考虑用户满意度和负载能效水平的需求侧响应能力评估方法。针对综合能源系统内部可再生能源分散、可调控能力难以描述的问题，基于需求侧响应能力评估模型和分布式能源等设备的准稳态模型，建立含分布式能源的控制外特性模型，为上级调度提供优化基础数据。

2. 多能流优化控制方法

研究综合能源系统能效表达式，建立天然气网、热网等的能流分析模型及能源系统内各类设备的能流转换模型，进行系统化的整体建模，用统一的方式描述能量转换和流动，形成综合能源系统的物理方程约束。针对不同类型的能源系统，分别考虑其运行约束和控制变量，研究基于一致性算法的分布式协调控制方法，通过与综合能源系统内其他能源系统之间对等的消息传递，实现兼顾能源利用效率与经济效益等多目标的优化控制。

互动机制下综合能源系统外特性模型与分布式协调控制是本研究领域的前沿方法与理论基础，将打破传统冷/热/电/气多种能源形式在控制方面相对隔离的现状，在多种能源协调控制的关键技术方面取得突破。

3.综合能源系统多能故障处理方法

综合能源系统多能故障处理方法是保障综合供能可靠性的关键技术之一，研究综合能源系统的分层分布式故障处理技术，提出考虑冷/热/电/气耦合的多能故障控制策略，保障用户供能的可靠性。

首先研究减少停电范围的分层分布式故障隔离与供电恢复控制技术，重点研究基于监控终端之间交换信息与用户能量管理子站的分布式故障隔离与供电恢复控制技术。根据不同供能设备动态响应特性差异，研究系统故障时的阶段式供能控制技术，研究冷热电联供系统故障判断、冷/热/电功率出现缺额时综合供能系统的紧急协调控制方法，研究切除可中断冷/热/电负荷的供应、启动冷/热/电储能、气能供应等综合控制策略，实现综合能源系统内综合供能的就地平衡。

4.综合能源系统综合控制系统

综合能源系统综合控制系统是保障综合供能可靠性的核心技术，研究分布自治综合控制系统实现方法，通过子站层与设备监控层的信息融合与交互，实现综合能源系统内多种能源的协调控制。

目前冷、热、电等多种能源系统相互隔离，缺乏对冷、热、电等能源进行一体化控制的控制系统，研究面向综合能源系统内综合能源的分布自治综合控制系统实现方法，研究规范化信息模型和开放式服务接口的建立方法，研究冷热制取、存储及释放效率的优化控制方法，实现综合能源区域的可调控能力评估、区域内的能源协调控制以及综合能效分析等各项功能；建立多种能源的标准数据与服务模型，实现综合能源区域内供用能设备状态信息的实时采集与上传，执行子站层的指令实现供用能设备的直接控制。

四、能源互联网运行与管理

（一）能源互联网的概念

能源互联网是互联网和能源系统深度融合的产业新形态，它以电力为枢纽、以用户为中心，利用互联网思维和技术改造传统能源系统，突破能源共享生态中的技术、商业、市场、行业、区域、政策等壁垒，促进能源更好地互联互通和开放共享，目标是构建新一代绿色低碳、安全高效、开放共享的智慧能源系统，是当前国内外学术界和产业界关注的焦点，也是能源领域继智能电网后又一前沿发展方向。

能源互联网的一个重要特征就是多能流耦合。在传统能源系统中，不同能源系统相对独立，如电网、热力网、天然气网、交通网等属于不同公司管理和运营，能源之间耦合不紧，能源使用效率总体不高。能源互联网实现各种能源的互联互通，通过科学化管理实现多能互补及源网荷储协同，显著提高能源系统的综合效率以及可再生能源的消纳能力。然而，如何进行"多能互补、源网荷协同"，以实现安全供能前提下的效益最大化，这是在能源互联网"落地"过程中面临的一个焦点问题，也是一个技术难点。从技术角度来看，这个问题可以归结为复杂的多能流网络最优调度与控制问题，优化目标是追求效益的最大化，这里的效益可以包括能源本身以及附加服务的交易收益，而约束条件包括供需平衡、运行物理约束以及安全约束等，优化的手段则是指所有可以调控的灵活性资源，其广泛分布在一次能源（煤炭、石油、燃油、燃气、可再生能源等）、二次能源（电力、氢气、工业废气、余热等）、能源运输（电网、铁路网络、公路网络、油气管网、供热供冷管网等）等各处。

（二）能源互联网的形态与特征

能源互联网理念一经提出，国内外不同行业和领域纷纷开展了有益的探索研究。尽管各方认知的侧重点不同，但基本都认同互联网与能源系统深度融合，提高可再生能源的比重，实现多元能源的有效互补和高效利用的理念。

1. 能源互联网的形态

能源互联网可以分为三个层级。

（1）物理基础：多能协同能源网络。

能源协同以电力网络为主体骨架，协同气、热等网络，覆盖包含能源生产、传输、消费、存储、转换各环节的完整能源链。能源互联依赖于高度可靠、安全的主体网架（电网、管网、路网）；具备柔性、可扩展的能力；支持分布式能源（生产端、存储端、消费端）的即插即用。

能源转换是多能协同的核心，其包括不同类型能源的转换（切换）以及不同承载方式的能源转换（变换）。不同类型的能源转换（切换）在能源生产端除常规的利用发电机等各种技术手段将一次能源转换成电力二次能源外，还包括如电解水生成氢燃料、电热耦合互换等多种形式；在能源消费端，能源转换（切换）是指能源消费者可以根据效益最优的原则在多种可选能源中选择消费。不同类型能源转换的基本示意图如图6-9所示。不同承载方式的能源转换（变换）主要体现在能源传输环节，如在天然气网中，有液态和气态之间的转换。

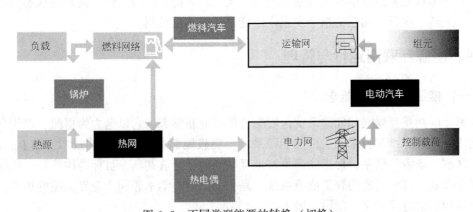

图6-9 不同类型能源的转换（切换）

能源存储在多能协同的环境下必将越发凸显其重要地位。能源存储也不再局限于电能的存储与释放，冰蓄冷、熔盐蓄热、氢气、压缩空气等均是能源存储的发展方向。如果氢燃料电池以电动汽车等途径进入千家万户，氢气或液氢的存储将可以提供持续的清洁可控电能，成为分布式太阳能和风能的重要补充。

能源传输本身也具有多样性，如可持续传输的电网、管网等方式，非连续传输的航运、火车、汽车等，因此能源互联网必将呈现出形态各异的实现方式。

多能协同能源网络将首先实现能源局域网，以微电网技术为基础，将冷、热、水、气等网络互联协调，实现能源的高效利用，如图 6-10 所示。以能源局域网为基本节点，以电网、管网为骨干网架，由点及面形成广域互联，即能源广域网。多能协同能源网络为整个能源链的能源互补、优化配置提供了物理基础，其整体效能的最大化离不开信息物理系统的融合。

图 6-10　能源局域网

（2）实现手段：信息物理能源系统。

物联网、大数据、移动互联网等信息技术的飞速发展，可为涵盖能源全链条的效率、经济、安全提供有效支撑。智能电网在信息物理系统融合方面做了很多基础性的工作，实现了主要网络信息流和电力流的有效结合。在能源互联网下，信息系统和物理系统将渗透到每个设备，并通过适当的共享方式使得每个参与方均能获取到需要的信息，如图 6-11 所示。信息物理融合的能源系统必将产生巨大的价值，第一阶段的价值体现在信息获取上；第二阶段的价值体现在优化管理上，通过多能协同优化和调度，可以从整个能源结构的角度实现社会总体效益最大化；第三阶段的价值体现在创新运营上，在信息开放、共享的基础上，运用互联网思维，创新商业模式，带动市场活力，实现经济增量。

（3）价值实现：创新模式能源运营。

创新模式能源运营要充分运用互联网思维，以用户为中心，创造业务价值。在具有活力的市场环境下，包括能源生产、传输、消费、存储、转换的整个能源链相关方均能广泛参与，必然会有一大批具有创新模式的能源企业脱颖而出，比如能源增值服务公司、能源资产服务公司、能源交易公司、设备与解决方案的电子商务公司等，从而带动能源互联网整体产业发展。以能源消费环节为例，传统的产业价值模式是能源供应商给能源消费者提供能源、可靠性和通用服务，并从能源消费者获取收益。而在能源互联网环境下，除能源、可靠性和通用服务外，能源供应商还可以为能源消费者提供节能服务、环境影响消减以及个性化服

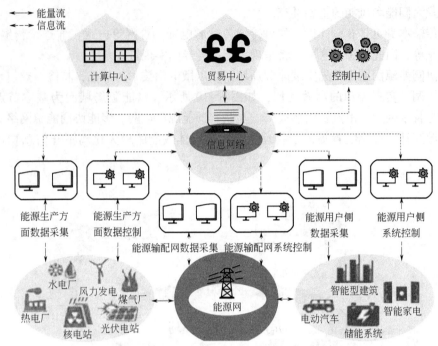

图 6-11　信息物理能源系统基本示意图

务，而能源消费者还可以在需要时反向为能源供应商提供能源、需求侧响应、本地化信息等，从而使得信息流和资金流从单向变为双向。另外，还可以有第三方为其提供各种服务平台，使得价值、信息和资金在这些平台上流转并交换，如能量交易平台、能量聚合服务平台等。

创新模式能源运营需要监管者能够致力于构建以传统电网为骨干，充分、广泛和有效地利用分布式可再生能，满足用户多样化能源电力需求的一种新型能源体系结构与市场；为运营者提供一个能够与能源终端用户充分互动、存在竞争的能源消费市场，使其提高能源产品的质量与服务，赢得市场竞争；不仅为能源终端用户提供传统电网所具备的供电功能，还为其提供一个可以进行各种能源共享的公共平台，如图 6-12 所示。

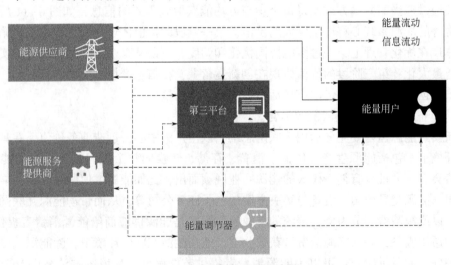

图 6-12　创新模式能源运营

（三）　能源互联网的特征

在能源互联网上述三个形态层级的基础上，总结出能源互联网的六大特征：能源协同化、能源高效化、能源商品化、能源众在化、能源虚拟化、能源信息化。

（1）能源协同化，指通过多能协同、协同调度，实现电、热、冷、气、油、煤、交通等多能源链协同优势互补，提升能源系统整体效率、资金利用效率及资产利用率。

（2）能源高效化，主要着眼于能源系统的效益、效用和效能。通过风能、太阳能等多种清洁能源接入保证环境效益、社会效益；以能源生产者、消费者、运营者和监管者等用户的效用为本，推动能源系统的整体效能。

（3）能源商品化，指能源具备商品属性，通过市场化激发所有参与方的活力，形成能源营销电商化、交易金融化、投资市场化、融资网络化等创新商业模式。探索能源消费新模式，建设能源共享经济和能源自由交易，促进能源消费生态体系建设。

（4）能源众在化，体现在能源生产从集中式到分布式到分散式实现泛在，能源单元即插即用、对等互联，能源设备和用能终端可以双向通信和智能调控。能源链所有参与方资源共享、合作，将促进前沿技术和创新成果及时转化，实现开放式创新体系，推动跨区域、跨领域的技术成果转移和协同创新。

（5）能源虚拟化，指借鉴互联网领域虚拟化技术，通过软件方式将能源系统基础设施抽象成虚拟资源，盘活如分散存在的铅酸电池储能存量资源，突破地域分布限制，有效整合各种形态和特性的能源基础设施，提升能源资源利用率。

（6）能源信息化，指在物理上把能量进行离散化，进而通过计算能力赋予能量信息属性，使能量变成像计算资源、带宽资源和存储资源等信息通信领域的资源一样进行灵活的管理与调控，实现未来个性化、定制化的能量运营服务。

第四节　大数据技术在能源工程管理中的应用

一、能源大数据的概念

能源大数据是指大数据理念、技术和方法在能源行业的实践，其涵盖电力、化石能源及可再生能源等相关领域，涉及能源开发生产、传输、转换、存储、交易、消费等诸多环节。能源大数据满足大数据的"4V"特性：体量巨大，类型众多，处理速度快，价值巨大。近年来，以电力系统为核心，与天然气网络、电动汽车交通网络等系统紧密耦合的多能流系统——能源互联网得到了学界广泛关注。在能源互联网背景下，能源大数据以能源流为物理目标，以数据集成管理及知识的挖掘应用推动能源体系朝更可靠、更灵活的方向发展。作为深度融合"信息—物理—社会"的大能源体系，能源互联网的发展离不开对能源大数据的研究与应用，原因有三：一是能源互联网的"信息属性"表明量测设备的不断普及、数据集成技术的不断提升，为能源大数据分析和知识发现提供了研究基础；二是能源互联网的"物理属性"表明多能流的高度耦合、可再生能源的高渗透以及复杂气象环境等因素，增加了系统物理建模的难度，数据驱动方法可提供全新的研究视角；三是能源互联网的"社会属性"表明用户需求响应、开放能源市场、电价激励政策等具有主观能动性的因素，需要大数据分析来准确量化，从而与能源层面的物理分析有效融合。

二、能源大数据的发展目标

发展能源大数据，旨在解决现阶段能源系统面临的难题，建立一种将能源规划、开发、生产、传输、存储、消费与大数据密切关联的能源发展新模式，推动能源使用朝着生产明确、多能协调、信息对称、阳光消费的方向发展，激活能源供给端和消费端的新潜力，形成新型的能源生产消费体系和管控体系，以大数据促进能源科学开发利用、服务节能减排，降低能源消耗与碳排放、解决新型城镇化发展中能源需求问题，以多能互补推动能源结构性改革。

发展能源大数据具体将实现以下目标：

（1）解决能源系统突出问题。通过海量数据的统计、挖掘，将难以用物理模型量化的不确定性因素进行数据驱动型分析。减少可再生能源出现的随机性对能源系统的冲击，缓解用能峰谷矛盾；抵御灾害、极端天气等风险源，准确评估与管控能源系统运行态势；考虑实时价格、需求响应和开放市场等因素的随机性，实现能源系统调度与监管的全方位优化。

（2）实现能源系统信息化迈向智慧化管理。目前，能源系统管理手段单一，且传统信息化手段面临应用瓶颈，无法很好解决能源系统面临的一系列问题。对此，在物联网、工业互联网、移动应用等飞速发展的新一轮数字化变革和新技术背景下，制定统一的新的数据通信、访问标准，建设更高效的通信网络，发展先进的能源数据存储技术构建能源大数据系统，利用云计算、数据挖掘、人工智能技术和方法，创新数据管理模式，充分挖掘数据的价值，满足价值性、实时性、安全性的要求，推进能源流和信息流的双向交互与深度融合，以多能互补的理念进行系统集成，通过智慧能源控制平台进行统一管理，以大数据、物联网等手段有效促进能源和信息深度融合，推动能源领域结构性改革。实现现有能源信息系统向新一代数字化智能化升级过渡，不断提高能源系统的智慧化管理水平。

（3）构建互动化的能源服务体系，促进能源信息资产的形成和共享，催化能源互联网新商业模式的产生。目前，能源系统在用户终端的互动化服务率较低，能源数据资产特别是消费端数据资产还远没有有效形成并得到挖掘利用。对此，要贯彻"以用户为中心"的理念，抢抓大数据时代机遇，充分挖掘能源大数据的商业和社会价值，催生能源大数据生态，在开放包容的能源大数据生态中开拓出智慧便民服务的新路径，为用户提供精细化用能服务，为城市建设提供绿色发展方案，并充分利用能源信息资产富矿发展各种增值服务新商业模式，释放大数据红利。

三、能源大数据的设计理念

（一）大数据的来源

能源大数据按照来源可分为能源系统数据和非能源系统数据。能源系统数据来源于能源规划、开发建设、生产运行传输存储、配售消费全过程以及能源系统的源、荷、网、储各个环节，是多空间区域、多时间尺度、多层级的能源系统全景多维信息。非能源系统数据主要有三类：环境气象数据，如地理位置、温度、风速、极端天气、环保、地质等；社会经济数据，如经济发展、交通流量、政策机制、人口、能源价格等；反映人的特征的数据，如用户心理、能源电力服务舆情等。

（二）大数据采集的渠道

搭建能源大数据中心，实现上述能源开发利用全过程、全生命周期、多环节多源数据的集中接入和整合。开发大数据中心与多个子系统的数据接口，其中实时数据通过消息中间件如 Kafka，以发布/订阅的方式接入数据中心。能源大数据主要采集渠道包括传统能源信息化管理系统、监测自动化控制调度系统以及新一代能源互联网、物联网、智能终端、移动互联网应用系统等，具体包括：能源资源勘测规划开发建设的能源工程信息系统；能源生产运行调度系统；能源传输配送储能大数据系统；物联网和新一代智能电表、智能燃气表等智能终端构成的实时高效的用能信息采集系统（提供实时能源消费、电力负荷、配网电能质量等数据）；电动汽车充电、加油加气管理平台（提供充电设施、充电站、油气消费等信息）；微网能源管理系统（提供智能终端实测信息）；车联网平台、政务云平台、气象发布平台、能源交易平台（分别提供交通流量、政策机制、环境气象、价格走势等外部信息）。此外，对于部分子系统提供的离线数据，如设备的历史状态、用户交易的历史记录等，可通过 Sqoop、Flume 等抽取工具实现离线数据向大数据中心的迁移。

（三）大数据的利用方式

落实对大数据的利用，需要完成云平台的搭建和能源监管服务中心、能源管理子系统的开发。搭建云平台，利用高性能计算集群资源，实现对能源大数据的调度。根据特定功能模块，对数据中心的数据资源和计算资源进行调度，执行相应的海量数据处理及分析，生成数据分析报告，存储于相应的业务数据库中。在执行控制决策的能源管理系统方面，采用分布式管理和一体化管理相结合的设计理念。分布式能源管理采用多代理方式，将决策权下放到各个微网的能源管理子系统中，各个管理子系统可通过通信网接入云平台，利用数据中心的集中式资源，按各自的需求进行海量数据运算。分布式管理适用于园区、工厂、楼宇等多能互补微网的独立运作。而对于多个能源微网之间的互动互济与协同优化，则采用一体化管理方式，在能源监管服务中心设立统一的监控及调度工作站，进行全局的统筹优化控制。

四、能源大数据的架构设计

（一）总体架构

能源大数据的总体架构如图 6-13 所示，包含"一平台、两中心、三层次、多子系统"。该架构以智慧能源云平台为核心，充分考虑底层数据源及顶层业务的可扩展性，能够对能源大数据进行深入整合与应用，实现对区域能源互联网的全景状态感知及管控。其中，三层次分别为能源层、信息层和应用层。

能源层是包含源、网、储、荷的物理实体层，是物联网和能源系统的融合，具备自身信息采集、接收指令、执行控制等功能。能源层以能源互联网为表现形式，在"源"端发展风光水火互补的能源供给结构，在"网"侧形成热—气—电—交通的协同网架，在"荷"端形成电力、燃油、燃气、供热等多样化的消费结构，在"储"能方面形成电池、储热、储氢等结合的完备配置。

信息层以大数据中心为枢纽，同时包含通信网和各类通信设施，实现能源层数据及非能源系统数据的集中接入、存储、管理、计算和分析，以及数据分析结果及调度控制指令的传输。大数据中心是一个集中式的、标准化的、具备很高适应性的硬件设施环境和高性能计算

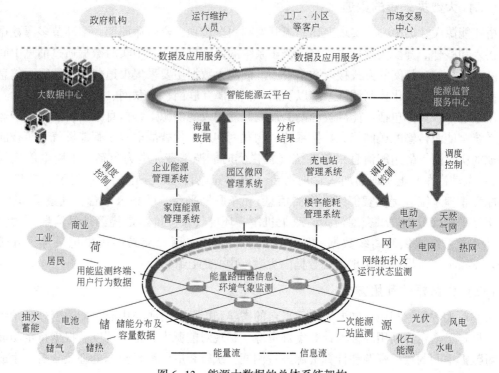

图6-13 能源大数据的总体系统架构

环境，是带动能源系统在数据、知识驱动下智能化运转的"大脑"。

应用层是能源大数据价值的外在体现，包含能源监管服务中心和多个能源管理子系统。应用层旨在构建智慧能源管理和智慧公共服务两大网络。智慧能源管理一方面通过各个能源管理子系统对园区、家庭、企业、楼宇等用能单元进行能量管理，另一方面通过能源监管服务中心对电动汽车、天然气网、配电网等区域型网络进行一体化管理。智慧公共服务则体现在政府机构、用能客户、运维人员、市场交易中心等第三方与智慧能源云平台的互动中。

智慧能源云平台是贯穿能源层、信息层和应用层的核心，它将大数据中心的硬件资源虚拟化、集约化，一方面对外提供云存储和云计算等服务，满足智慧能源管理或智慧公共服务的业务需求，另一方面通过高可用、负载均衡、分布式协调等技术，根据任务对内分配大数据中心存储及计算资源。

（二）云平台技术架构

云平台利用海量数据存储集群及强大的并行计算引擎，向应用层提供可靠的数据挖掘分析结果。云平台从下到上包括基础设施层（IaaS）、云平台层（PaaS）、云应用层（SaaS）、云数据层（DaaS），及相应的信息安全维护体系，如图6-14所示。

IaaS层由大数据中心承担其功能，通过虚拟化管理主机、存储、计算等资源，为云平台构建基本的运行环境；为满足海量实时数据接入及高并发的系统访问，数据存储方面需要在传统关系型数据库基础上引入分布式缓存Redis、关系型数据库HBase、分布式文件系统HDFS等，支持海量数据分布式存储及高性能访问；数据计算方面提供批量计算MapReduce、内存计算Spark、流计算Storm等框架；通过负载均衡实现访问请求和计算任务的合理分发；通过RAC、ZooKeeper等技术保障数据及服务的高可用。

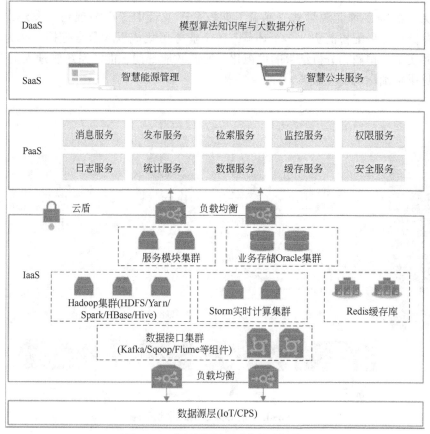

图6-14 智慧能源云平台技术架构

　　PaaS 层对业务屏蔽了底层存储、计算等基础平台，基于服务总线（如 Mule ESB）、微服务（如 Dubbo、Spring Cloud）、容器（如 Docker）等技术，实现对各类服务的注册、监视和状态管理，为上层应用提供有力支撑，各类服务的调用通过 RPC 技术来实现。SaaS 层通过多个封装的功能模块实现智慧能源管理和智慧公共服务两大类应用。DaaS 层采用开源数据挖掘工具和模型算法库，综合统计分析、机器学习、深度学习等技术，对海量数据进行处理、分析、挖掘。

　　云平台的价值在于：一方面利用集约化的"云服务器"和共享化的"云模块"，为企业、园区等用能单元节省了能源管理平台的研发成本；另一方面，通过多方数据源的信息融合与共享，打通了能源层中不同网络、不同产业环节之间的壁垒，以及能源系统和其他社会子系统之间的壁垒。因此，云平台在数据管理方面，既要有效聚合多源异构数据，充分挖掘不同数据源的内在联系，又要保证数据的独立性、安全性与完整性。

（三）应用层业务架构

　　对应于云平台的 SaaS 层，能源大数据应用层主要实现智慧能源管理和智慧公共服务两大类应用。对大数据的调度与分析将直接促成两方面的成果：一是对能源全产业链的管理能力，通过向各分布式能源管理系统提供开放的业务接口，实现全网能源的优化配置和能效的提升；二是能源增值服务的扩展能力，向政府服务及其他商用平台提供服务接口，衍生产业分析、城市规划与治理、民生服务、碳排放市场、商业金融应用等一系列公共服务，实现能源大数据的商业及社会价值。如图6-15所示，能源大数据的业务架构涉及清洁能源、化石能源、二次能源等多种能源形式，涵盖了能源全产业链中"勘测规划开发建设—生产运行—输送存储调度—配售消费"多个环节，各个业务可集成以大数据挖掘分析为基础的功能模块，并实现数据源和分析结果的可视化，面向政府部门、能源系统管理人员、企业/居民等用户提供精细化的交互服务。

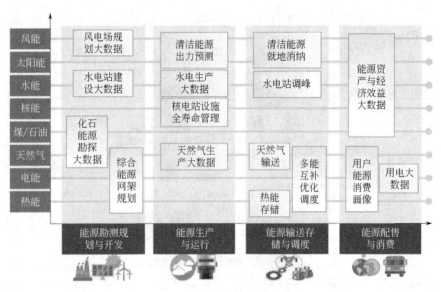

图6-15　能源大数据的业务架构

由图6-15可见能源大数据系统可以按两个维度划分，分别按能源类别和能源开发利用全生命周期各业务环节划分，或按两者的矩阵式组合划分。假设能源类别标识为A，一次能源核能、煤炭、石油、天然气、油页岩、太阳能、风能、水能、生物能、地热能、海水温差能、海水盐差能、海洋波浪能、海（湖）流能、潮汐能等可用A11~A1n标识，二次能源焦炭、煤气、电力、氢、蒸汽、酒精、汽油、柴油、煤油、重油、液化气、电石等可用A21~A2n，按此维度就可划分为若干个Axx大数据系统，如石油大数据、煤炭大数据、天然气大数据、水电大数据、核能大数据、风能大数据、太阳能大数据等。假设能源开发利用全生命周期环节标识为B，勘测、规划、工程设计、开发建设、生产、传输存储、运行调度、配售、消费、增值服务等就可标识为B1~Bn，那么按此维度就可划分为若干个Bx大数据系统，如资源勘测大数据、能源规划大数据、能源工程大数据、能源生产大数据、储能大数据、能源消费大数据等。能源类别与开发利用环节的组配就可形成能源大数据的矩阵式应用架构，划分为若干个AxxBx大数据系统，如石油勘探大数据、风能规划大数据、水电工程建设大数据、煤炭生产大数据、天然气输送大数据、用电大数据系统等。还可以针对能源开发要素划分能源大数据应用系统如划分为能源资金大数据、能源资产大数据、能源人才大数据等。

五、能源大数据的建设条件与挑战

当前，我国开展能源大数据建设具有良好的基础。首先，作为能源大数据主要提供者的能源企业信息化水平较高，积累了海量的能源系统数据和社会数据，并形成了相应的数据应用平台。这些已有的应用成果和经验为能源大数据建设奠定了坚实的工作基础。其次，作为能源大数据物理基础的能源互联网建设工作进展迅速，多种能源协调互补逐步成为新的常态，我国冷热电联供的装机容量稳步增长，天然气市场和分布式能源技术的发展将进一步推动大能源系统发展能源大数据势在必行，但也存在一些突出矛盾与挑战。一是信息资源缺乏有效整合。能源行业各信息系统大多处于独立开发、各自为战的状态，数据开放共享程度较低，存在大量的"信息孤岛"。二是缺乏相应的数据质量标准。不同组织机构在数据采集方式、存储格式、通信接口上都不够统一，客观上妨碍了更深层次、更大范围的数据整合与共享。三是难以保证数据采集渠道的畅通。在当前的通信架构下，不同系统的软硬件存在差异，受通信容量、数据隐私与实时性的约束，部分重要数据无法实现实时传输与利用；出于安全性和隐私性考虑，当缺乏足够的利益驱动时，部分组织机构不愿意向外界开放数据接口，不利于开放互联共享的实现。

思考题

1. 围绕智能热网构建应用，依据供热全过程管理流程提出一些建议和思考。

2. 简要介绍"智能热网"系统在供热行业的应用，相对热网监控系统智能热网主要的功能模块以及功能模块的具体功能介绍。

3. 智能电网运行系统的概念及特点是什么？

4. 简述智能电网的技术组成和实现顺序。

5. 简要地综述与分析分布式能源系统和它的主要优、缺点，其适用的设备与热力循环以及这种系统适用的地区。

6. 近年来，能源科技创新进入高度活跃期，以多能流互补、物理信息融合为特征的能源互联网，正在推动能源产业走向清洁、低碳、高效。大数据技术的发展，为能源互联网进一步实现数字化监管和"云上转型"提供了契机。试着描绘能源大数据的广阔应用场景。

第三部分

能源工程经济管理

　　能源工程的经济管理方法对能源工程项目的实施具有重要作用。本部分主要从能源工程规划、能源工程技术经济性分析、能源工程风险管理、能源绩效管理的角度对能源工程的经济管理方法展开叙述。

第七章

能源工程规划

第一节 能源系统概述

随着科学技术的发展以及相关能源政策的扶持，低碳理念逐渐渗透到生产生活的方方面面，从碳加工、碳利用、碳循环和碳固定等方面实现含碳资源的高效利用，除此之外，风能、太阳能、生物质能、核能等高效清洁的能源技术逐渐成熟，在能源结构中所占比例也在逐渐增大，成为世界上低碳能源发展最为迅速的技术之一。2010年中国就已成为世界第一风电大国，世界第一水电大国，核电装机容量也快速扩张。国务院发布的《能源发展战略行动计划（2014—2020）》指出，到2020年，中国非化石能源占一次能源消费比重达到15%，天然气比重达到10%以上，煤炭消费比重控制在62%以内。

煤炭等传统化石能源终将枯竭，提高能源利用效率，加强风能、水能等可再生能源的高效利用是解决能源供给与能源缺乏之间矛盾的关键，是满足社会经济可持续发展的必经之路。除此之外，中国在国际事务中扮演着重要角色，需要承担起为世界其他国家地区做表率的责任，构建清洁高效的能源系统，提高资源利用效率、减少环境污染。这就需要打破现有的煤炭占主要地位的能源结构，将能源供给系统从利用单一能源向多种能源协调使用发展，构建综合能源利用系统，加强对可再生能源的规模化利用，减少对化石能源的依赖，从而实现能源的可持续发展。

能源问题与人类、社会、经济、交通、环境、科技等许多要素相关，想要有效解决这个问题，需要依靠运筹学、控制论、数量经济学及其他相关的专业学科等综合性知识，进行全面定量和定性分析讨论，才能得到较为合理的方针政策。倘若只是从单一片面的角度进行分析，得出的结论必然存在较大的错误，产生错误的能源发展方向，为以后的能源、社会、经济各方面发展埋下隐患。因此在对能源问题进行分析时，必须将所有的相关学科知识融合起来，运用交叉学科思维进行分析、设计、实施和评价，使得出的结论全面透彻，为长久的发展指明方向。

一、能源系统的定义

系统是两个或两个以上的有关联的单元或组成要素，为达成共同任务所构成的具有一定功能的有机整体。一般构成系统有以下三个条件，分别为：包含两个及两个以上要素或单元；每个要素之间需要相互关联，形成有机整体；要素之间的联系要能产生整体新功能。系统在生活中普遍存在，根据不同分类标准可以将系统分为自然系统、人造系统与复合系统，静态系统与动态系统，开放系统、封闭系统与孤立系统。

自然系统是指自然形成的系统，包括生物系统、生态系统等；人造系统指由人类制造加工形成的系统，包括经济系统、管理系统等；复合系统是指人们在已有的自然规律基础上，按照自己的意念对自然加以利用而形成的系统，复合系统既包括人工部分也包括自然部分，如经济—资源—环境复合系统。复合系统中各部分元素相互关联，相互制约，其中一个要素的改变，会引起其他元素的变动，因而需要对复合系统的协调性进行分析，研究复合系统的整体功能和协调规律，从而使最终的收益最大。

不同形式的能源之间相互独立却又有密切的联系，可以把这些不同要素以及他们之间的相互关系看成一个整体，就可以构成一个复杂的综合体，即能源系统。能源系统是指利用先进的技术和管理方法，在规划、设计、建设、运行过程中，对不同能源的不同环节进行综合协调和优化之后，形成的能源综合复杂系统。可以看成是在社会、经济等因素促进作用下，形成的由煤炭、石油、核电、水电等能源子系统构成的一个有机整体。这是一个不定型和无边界的复合系统，包含了自然系统与人造系统两部分，在进行系统规划设计及建设运行时，不仅需要考虑系统自身，还需要考虑系统对环境产生的影响。

二、能源系统的发展

能源系统是一种多能源输入系统，不同的化石能源和可再生能源输入系统，通过体系内的设备进行转化和分配，再以不同的能源形式输出至用户端。到目前为止，全球至少有 70 个国家进行了有关综合能源系统的相关研究。分布式能源系统最早是在 20 世纪 70 年代开始逐渐从美国实践发展起来，它是一种清洁高效复杂的综合能源利用系统，与电网和天然气管道相连接，满足用户电力等需求，已经成为美国能源系统发展的重点方向。各国为了推动分布式能源的发展提供了相关的补助和激励政策，在政策引导下分布式发电的研究和应用快速发展。据统计，部分欧洲国家的天然气分布式发电装机容量达到或超过了总装机容量的 50%。为了减少和控制化石能源的使用，欧洲共同体早在 20 世纪末就决定，从 1997 年开始征收 CO_2 排放税，也就是说每使用一桶石油需要上交 10 美元的税务，而这个金额到 2027 年将上涨到 100 美元。德国从 2011 年开始，每年都投入大量资金从各方面进行综合能源系统的协调优化。2018 年，日本在"第五次基本能源计划"中提出，推进能源体制改革，包括电力、燃气和热力改革，加大能源系统之间的合理竞争。同时积极推进可再生能源的引进政策，将可再生能源作为电力系统的主要能源。

我国的能源系统建设相较于国外起步较晚，但是在国家对科学技术发展的支持下，取得了快速发展。2010 年国家电网公司发布了《分布式电源接入电网的技术规定》，2011 年国家发布了《关于发展天然气分布式能源的指导意见》，2012 年国家发布了 4 个天然气分布式能源示范项目，积极推进天然气分布式能源的实施建立，为能源系统快速发展奠定了基础。对上海浦东国际机场、广州大学城等试点项目进行评估，分布式能源系统体现了在经济、环境和社会效益方面的优越性。早在 2015 年年底，我国分布式能源总装机容量就达到了 $1100 \times 10^4 kW$，成为全球分布式能源大国。

三、能源系统的特点

复杂性是能源系统的一个基本特征。能源系统包含能源开采、供应、转换、储存、调度和利用等环节，牵一发而动全身，一个环节的调整会影响前后环节的进行，这决定了能源系统的复杂性。能源系统涉及政治、文化、人口、经济、环境等方面，与能源系统相互依存、相互影响，能源结构的改变会影响经济社会的发展，而政治政策的制定和经济发展又会影响能源结构的改变，这也是能源系统具有复杂性的一个原因。

能源系统另一个特征是不确定性。能源系统中能源的价格、需求量、社会经济活动等要素都具有不确定性，决定了整个系统具有不确定性。随着科学技术进步，经济社会发展，环保意识提高和国家方针政策变化，能源结构也会产生相应的调整，决定了整个系统的不确定性。系统物质和能源的输入不是一定的，决定了能源系统的不确定性。

四、能源系统的意义

（一）实现能源梯级利用

天然气具有燃烧效率高、环境污染小等优势，使得它在能源系统中的地位日益提高。随着西气东输等工程的完成，天然气广泛进入人们利用范围，以天然气为主，其他能源为辅的分布式能源系统建立起来。如图 7-1 所示，能量不仅在数量上有差别，在品质上也有优劣之说，分布式能源中可以将能量划分为高品质能量、中品质能量以及低品质能量，产生的高品质能量直接带动发电机进行发电，利用做功之后的抽气和排气根据温度的不同可以向用户供热及热水或借助制冷机向用户供冷。分布式冷热联供能源系统，直接分布在用户端，按照各用户的需求量提供能量，实现了能量的梯级利用，比相同条件下的分产系统更加节能，能源成本较低，是一种能源利用率较高的能源系统。

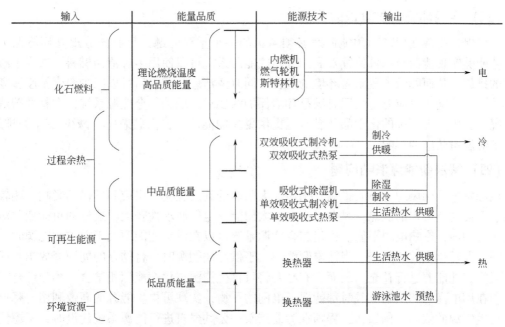

图 7-1 分布式能源系统中能量品质与对应的可选技术

（二）实现高碳资源低碳化利用，提高碳效率

将高碳资源与低碳资源集成，构建低碳复合能源系统，实现高碳资源的低碳化利用。从

碳的利用角度出发，将煤等能够输出电力以及作为燃料使用的高碳资源与风能、水能等低碳资源相结合构成系统，在低碳条件下，大规模生产液体燃料和化学品。高碳资源低碳化利用，提高碳效率，减少 CO_2 排放，提高可再生资源的利用能效。图 7-2 展示了复合能源系统中的碳循环路线。

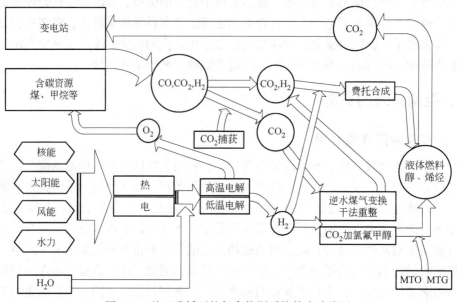

图 7-2　基于碳循环的复合能源系统技术路线图

（三）实现环境保护意识的贯彻

环境保护是现在生产利用能源时必须考虑的一个重要问题，只有充分提高环境保护意识，才能够实现能源经济可持续发展。分布式能源系统可以使用多种清洁燃料，减少了酸性气体的排放，从而降低了酸雨对环境的危害。同时清洁燃料燃烧后可以减少粉尘及废渣废水的排放，实现能源供应充足的同时满足环境保护的要求。低碳复合能源系统，在相同碳消耗的情况下，生产出更多的化学品及燃料，提供更多的能源，提高碳效率，减少 CO_2 的排放，减弱了对温室效应的影响。

（四）解决新能源消纳问题

风能发电受到风力大小的影响，水能、太阳能的利用也受到昼夜和气候的影响，相较于煤炭、石油这类可控的能源，风电、水电和太阳能发电等波动性较大，这样的负荷变化对电网有较大冲击，影响电网平衡。构建综合能源系统可以在供给侧能源大于需求侧能源时，将多余的能源转化或储存起来，当需求侧能源大于供给侧能源时，将储存的能源释放出来或使用煤炭等其他能源进行补充。因而，有必要将可再生能源与化石能源相结合，构建综合能源系统，在用电高峰和用电低谷时都能保证电网的平衡，实现可再生能源的高效利用，降低对不可再生资源的依赖。例如，工程师在为北京某一公共建筑进行能源系统建设时，考虑使用了浅层地热、市政燃气和市政电力等，在冬季和夏季、负荷高峰和负荷低估时，通过燃气发电机、市政电力、热泵和蓄能槽调节，保证系统运行，提高效益。

（五）提高社会能源供用的安全性、可靠性

单一的能源供给独立运行，与其他能源供给间缺乏协调，遇到灾害容易牵连其他社会的

其他组成部分引发大面积瘫痪，造成严重的经济损失，因而可靠性和安全性较低，很难保证稳定运行。倘若通过单独加强某一种能源的安全可靠性，提高其面对突发事件的承受能力，则需要投入巨大的人力和物力，收效却甚微。但是能源系统在规划建设时就考虑到了不同能源子系统之间的相互配合，在运行过程中强调不同能源之间的互补性、可替代性，协调运行，实现多能互补，从而提高系统整体的稳定性，保证能源可靠稳定供给，除此之外还可以规避复杂的国际能源形势和格局变化所带来的风险。

第二节　能源系统网络图

　　能源系统网络图，是指用网络的形式对能量在系统中的流动方向和大小进行直观形象的描述，它是表示能源系统的活动与关系的一种工具。能源系统涉及的能源种类繁多，中间经历开采、精炼、运输、转换、输送、分配和用能多个环节，用到的工艺流程和设备较为复杂，借助能源系统网络模型能直接形象地看出每一环节能量的走向及其相应的大小。

　　运用能源系统网络图可以进行能源利用量的计算，也可以对能源未来利用状况进行预测。它的具体作用如下：

　　（1）可以提供能源总需求量和能源总消耗量的定量分析数据。

总需求量=能源生产量+能源调用量+减少库存量−能源调出量−库存增加量−次级能源调出量

总消耗量=集中转换环节能源消耗量+集中转换环节右边的能源调入量和减少的能源库存量折算为集中转换环节的能源消耗量−集中转换环节右边的能源调出量和增加的能源库存量折算为集中转换环节的能源消耗量

　　（2）可以对某能源品种所占比例进行计算，对某能源消耗部门消耗能量所占比例进行计算，对能源利用效率进行计算。

　　（3）能源需求预测是能源发展和经济发展规划的前提，依据能源系统网络可以建立相应的数学模型，为未来能源发展方向提供科学的指导。

　　（4）为建立能源数据库打下基础。

　　下面将对能源系统的构成和绘制进行进一步的说明。

一、能源系统网络模型的构成

　　按照能源系统网络模型的不同阶段对其构成进行说明。

（一）资源

　　能源资源是社会经济发展的重要物质基础，是指在现有的经济技术条件下能够直接取得或是通过加工转换能够获得有用能（如电能、热能、光能和机械能等）的各种统称，包括煤炭、石油、天然气、风能、水能、生物质能等，是一种综合的自然资源。能源是世界发展和经济增长的驱动力，是人类在社会中生存发展的基础。按照能源获得的方法可以将其分为一次能源和二次能源，一次能源是指在自然界中就已经存在的能源，是天然能源，如煤炭、石油、水能等；二次能源是指一次能源经过加工转换形成的能源，如电能、煤气等。其中一次能源根据其是否可以在短时间的产生又可分为可再生能源和不可再生能源。在经历过柴草时期、煤炭时期、石油时期后，不可再生能源逐渐减少，人们开始向新能源时期过渡，通过科学技术、科学管理方法提高可再生能源和清洁能源的利用程度与效率，实现能源的低碳化和清洁化利用。

（二）开采和收集

我国是世界第一大能源消费国，也是能源开采大国，但是由于人均能源储存量远低于世界平均水平，使得能源供给压力日益增大，因而在利用能源时，需要从能源开采到能源最终利用整个过程中的每个环节都注重效率的提高。提高开采效率是指在开采过程中，使用科学的开采方法，尽可能减少能源的浪费，更加高效地获取自然资源，避免开采方式不当造成的环境问题。

进行能源开采时不仅需要考虑不同开采方式的效率、难易程度，还需要考虑能源的储量和对环境的影响，储量是进行能源开采的基础，根据储量合理规划开采方式。

（三）加工和运输

能源加工是通过一定的工艺，将一种能源加工成另一种能源的过程，它是指物理形态的变化，如通过常压蒸馏和减压蒸馏，利用沸点的不同将原油加工成汽油、煤油、柴油等石油制品；以气化的方式将煤炭加工成水煤气，通过筛选和水洗将原煤洗选成洗煤，提高煤炭的燃烧效率，减少污染物的排放。在这些过程只利用了它们的物理特性，而没有发生化学变化，能源在加工前后没有发生质的改变。

（四）集中和转换

能源转换与能源加工相同，均是经过一定的工艺将一种能源转换成为另一种能源的过程，但不同的是能源转换过程中，能量以及物质发生了改变，如将煤炭、石油等转化为热能，热能还可以转化为机械能，机械能做功生产电能，转化使物质或能量具有了不同的性能，涉及物质结构的改变。

（五）传输和分配

传输是能量在空间上的转化，是将用能送到用能设备单元的一个重要环节，其形式有气体燃料、液体燃料、热力等方式。但是电力在长距离运输和各种利用上非常灵活，因此电能成为一种经济、实用、灵活的能源形式，在日常的生产生活中具有重要地位。

（六）用能设备

用能设备是生产生活中会消耗能源的设备，其所处领域多种多样，一般涉及农业、工业、交通业和日常生活，使用的能源形式也多种多样，电力、热力、煤、石油、天然气都可以为用能装置提供能源。终端用能效率是指能量利用的效率，即每生产单位数量的产品理论上需要的能量和同一时间内投入的能量的比值。用能设备效率的计算较为复杂，相同的设备在不同的工况下效率也会有所不同，因此在绘制能源系统网络模型时应该收集分析用能设备工作时所处的工况，以便进行用能设备的效率计算。

（七）最终用途

根据能源消费结果可以将能源的最终用途分为商业、工业、住宅以及运输几大类，这几大类又可以根据不同类别继续往下进一步的分类，对能源的最终用途进行分类统计，有利于对能源系统进行分析。

（八）消费部门

消费部门按照所涉及的生产生活内容的不同一般可以分为工业、农业、交通业、商业、民用生活等。

二、能源系统网络图编制的基本原则

编制能源系统网络图是开展能源经济宏观决策研究必不可少的基础工作，在绘制能源系统网络图的时候需要遵守以下几点原则：

（1）网络图的结构形式需要与往年基本相同，使各项效率等数据可以进行比较。

（2）网络图中所采用的数据除部分为抽样调查所得外，其余尽量采用统计局和企业年报等正式的报表，使数据统一准确。

（3）在调研分析中，实事求是，既要提出定量数据，又要指明情况变化带来的不可比因素。

三、能源系统网络模型的绘制步骤

能源系统网络模型是将复杂的能源系统进行简化之后形象地表现在一张图中，是由图形、数据以及必要的说明文字构成。根据系统的实际情况，可以将能源系统网络模型从左向右依次划分为资源、开采和收集、加工和运输、集中和转换、传输和分配、用能设施、最终用途和消费部门几个环节，这些环节从左到右依次用带箭头的线段和圆圈连接起来构成一个整体。带箭头的线段指明了能量流动的方向，其中实线表示系统中的实际过程，虚线表示该过程在实际系统中不存在，而用圆圈表示的节点代表两个环节之间的接口。图7-3所示是某地区的能源系统网络模型，其一般绘制步骤包括以下四个方面。

（1）绘制能源平衡表。能源系统网络模型中的基本数据来自能源平衡表，因此在绘制能源系统网络模型之前需要根据实际的能源资源状况绘制出符合实际情况的能源平衡表。要求各类能源的流入量和流出量相平衡，各节点处流入总量与流出总量相平衡，各用能单位的流入总能量和流出总能量相平衡。能源系统网络模型涉及的参数种类较多，需要将各类能源由实物量转化为等价量和当量值。

（2）计算能流过程中各环节的效率。效率是能源系统网络模型的重要组成部分，需要在能流图中标出，数值上等于该过程输出能量与输入能量的比值。

（3）绘制能源系统网络模型。使用带箭头的线段从左到右将各环节连接起来，线段上方用数据标出该过程中的能源流量数，在右侧括号中表示该过程的能源利用效率，有时还需在下方标明该过程中所用能源的实物量。

（4）文字标注。在能源系统网络模型中标明统计期和计量单位以及必要的文字说明。

企业能源系统网络模型在绘制过程中的步骤和规定与地区能源系统网络模型绘制中的步骤与规定大致相同，但是根据实际情况的改变有略微的差别。企业能源系统网络模型主要划分为购入储存、加工转换、输送分配和最终使用四个阶段。购入储存阶段每个能源需要用圆形图表示出来、在圆形中上半部标明能源类型，下半部标明能源实物量的数量及单位；加工转换阶段中每个用能单位需要用方形图表示出来，方形图上半部分标注转换单元名称，下半部标注其加工转换效率；生产过程回收的、可以利用的能源需要用菱形图表示出来，上半部分标注回收的能源的名称，下半部分需要标注回收的能源的实物量及单位；最终使用环节阶段中的用能单元需要用矩形表示，其中需标注用能单位名称。图7-4所示为某厂的能源网络图。

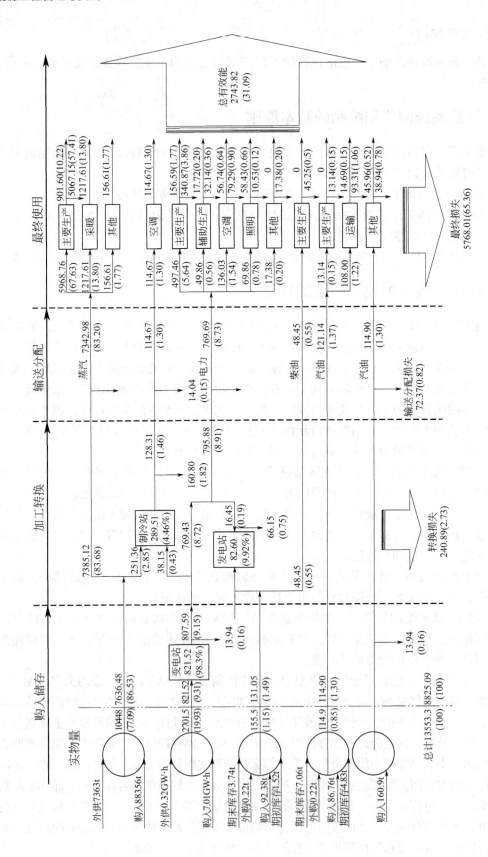

图 7-3　某地区能源系统网络模型（单位：tce）

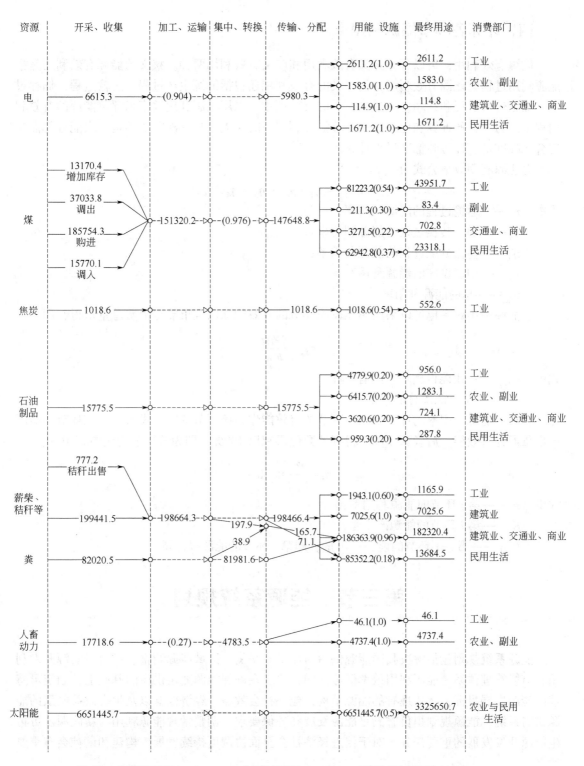

图 7-4　某厂的能源网络图

说明：(1) 能源总需要量：473135.7；(2) 能源总消费量：455894.2；(3) 最终能源消费量：286800.5；
(4) 最终转换效率：35.1%；(5) 单位：t(标准煤)/a。

四、计算各环节能源利用率

能源有效利用，可以分为狭义有效利用和广义有效利用两种。狭义的能源有效利用是指能源利用过程的能源有效利用，而广义的有效利用还包括能源生产过程、运输过程、储存过程、加工转换过程和终端使用过程在内的有效利用。采用能源利用效率来评价能源的有效利用程度。为了方便计算和比较，在计算能源利用率时，无论是一次能源还是二次能源都需要折合成标准量，即万吨标准煤来计算。

总能源利用效率公式为

$$\eta_{总}=\eta_1 \cdot \eta_2 \cdot \eta_3 \cdot \eta_4$$

式中　η_1——运输过程的能源利用率；

　　　η_2——加工转换过程的能源利用率；

　　　η_3——传输分配过程的能源利用率；

　　　η_4——用能设施的能源利用率；

　　　$\eta_{总}$——总的能源利用率。

总能源利用效率也可以采用用能设施环节的有效能除以全市能源消费总量求得，即

$$\eta_{总}=\frac{E_{有效}}{E_{总}}$$

式中　$E_{有效}$——用能设施环节的有效能；

　　　$E_{总}$——全市能源总消费量。

各环节能源利用率的计算是上一环节的有效能作为该环节的能量投入量，该环节的能源产出量即为有效能。后者除以前者得到的数值再乘以100%，即为该环节的能源利用率：

$$\eta_i=\frac{E_i}{E_{i-1}}\times100\%$$

式中　η_i——第 i 环节的能源利用率；

　　　E_i——第 i 环节的能源产出量；

　　　E_{i-1}——第 $i-1$ 环节的能源产出量，即第 i 环节的能源投入量。

第三节　能源系统规划

能源系统规划包括解决我国能源供给与需求不平衡、区域能源调整、可再生能源开发利用、节能管理体系、能源利用效率低等问题，要求在确保能源充足供应的基础上，制定可持续的能源发展目标，优化现有的能源结构，建立社会效益、经济效益以及生态效益共赢的能源供需系统。能源规划担负着满足能源发展和环保要求、调整常规能源利用与新能源及可再生能源开发发展的重要任务，对于促进经济社会全面协调可持续发展，构建和谐社会有重要意义。

一、能源系统规划的目的

能源系统规划是依据一段时间内的国民经济发展状况和社会发展规划，预测出相应的能

源需求，从能源的开发、加工、转换、分配和使用等方面进行统筹安排并确立发展方向。能源规划统筹了能源供给和能源需求，统筹了社会经济发展、环境保护和能源问题，进行能源系统规划主要有以下几点目的：

（1）根据能源规划可以了解未来能源发展的基础和形式，认清主要问题和挑战。了解现状是发展的基础，因此要想很好地实现能源发展，实现能源高效利用，必须清楚认识到现有能源的分布利用状况。

（2）根据能源规划可以确定未来能源发展的指导方向、基本原则、政策取向和主要目标。

（3）根据能源规划可以明确未来一段时间能源发展的主要任务。根据主要任务调节能源部门与其他部门之间的关系，确定能源部门内部各个项目的发展目标。

（4）根据能源规划可以了解国家对于能源利用的保障措施。了解国家的能源保障措施，也可以借助补助措施促进能源的发展。

二、能源系统规划的内容

进行能源系统规划是为了在现有的经济发展水平和科学技术条件下，为未来能源发展指明方向和方法，实现社会经济的健康可持续发展，保护生态环境，建立社会、经济和社会协调发展的模式。因此，要求能源规划具有长期性原则、可持续性原则、可执行性原则、能源供应安全原则和最优化原则。在此基础上，能源规划主要包含以下三个方面的内容：

（1）能源平衡。能源平衡主要是指能源供给和能源需求的平衡及能源系统内各部门之间、各环节之间的平衡。能源供求平衡发生在能源系统和国家经济系统之间，要求在数量、品种、地域和部门上都实现平衡。品种平衡要求各能源在能源系统中占有合适的利用比例，采用高效的利用方法；地域平衡要求合理布局能源生产与能源利用区域；部门平衡要求合理分配不同部门之间的能源使用量，利用有限的资源实现最大的社会效益。

（2）能源预测。能源预测主要包括需求预测和供给预测两个方面，需要分析社会对能源需求的变化和能源系统是否能够满足这些需求。在制定能源规划时，根据经济水平、科技条件的发展趋势选择合适的预测方法，对未来城市能源发展进行预测。

目前已有的预测方法有人均能量消费法、弹性系数法、回归分析法、部门分析法等，但这些传统分析方法具有一定的局限性。近几年开始研发一些具体的模型进行预测，如美国的LEAD模型，用来进行美国长期能源替代规划系统研究；清华大学的I/O-INEJ模型，研究投入/产出与能源系统优化。但是由于人员、资金、技术等因素的限制，短时间内无法开发出适合某一城市发展的模型，因而一般城市进行预测时仍采用传统方法。

（3）能源优化。能源规划是要确定能源系统以何种方式满足能源的需求，包括能源种类、能源比重、能源开发利用方法等，因此在同样满足需求的前提下，规划方案不是唯一的，这就需要对不同的方案进行评估，从中找到相对较优的规划。因此，能源优化是指在平衡的前提下，使经济规划的某项指标到达最优或是使多项指标达到最协调的状态，使综合效果得到最优。

可以运用的优化方法有线性规划、非线性规划、动态优化等。其中线性规划在实践中应用较多，主要用来解决"如何最大限度发挥有限资源的作用"这类问题，其数学表示主要包括目标函数和约束条件。

三、能源系统规划的不确定性

能源系统的规划具有不确定性，这些不确定主要源自系统本身的不确定性引发的获得的数据的不确定性和相应模型的不确定性以及规划人员对客观世界的认识有限。下面对这些不确定因素进行具体说明。

（一）能源系统的不确定性

能源系统复杂庞大，相较于实物摸不着看不见，很难对能源系统进行准确的预见，系统本身的不确定性会使得预测结果也具有不确定性。

（二）数据资料获得的不确定性

1. 现有的数据不够充分

很多能源模型的计算中涉及经验公式，经验公式的计算是以大量的数据作为基础，但有时候想要全部获得这些数据具有一定的困难，数据的缺少造成了计算结果的不确定性。

2. 历史数据具有不确定性

某些数据时间长久丢失，或是当时并没有记录相关数据的要求，这些原因的出现导致在进行某些参数计算时，无法给出准确的参数，采取了经验值，造成了最终规划的不确定性。

3. 数据收集过程中产生的不确定性

能源的相关数据数量较为庞大，因此无法准确考虑到每一个数据，而是采取了随机抽样的方法对获得的数据进行利用，这样的随机性会造成预测结果的不确定性，从而对规划产生影响。

4. 数据分析过程中产生的不确定性

同样的数据，侧重角度不同，分析方法不同，往往会产生不同的结果，不同的计算结果对应的规划方向有时会有所不同，从而使能源系统的规划产生不确定性。

（三）数学模型的不确定性

在进行能源规划前，需要根据规划目的的不同对规划对象进行调研，获得相关数据，并根据实际情况建立相应的模型进行计算分析，因而数学模型的不确定性也会造成能源系统规划的不确定性。数学模型的不确定性主要是因为在构建模型时，为了方便计算分析，模型相对于实际情况需要进行适当的简化，并提出一定的假设条件和边界条件。合理的简化条件方便了模型的分析计算过程，且对整体的方向不会产生很大影响，但是仍然会导致理论值与实际值之间存在差值，这个差值就是由数学模型导致的不确定性。

四、能源系统规划分类

能源系统规划是对一段时间内一片地区的能源发展的计划和部署，根据不同的分类标准可以将能源系统规划分为以下四类。

（一）根据规划时间的长短分类

根据时间长短可以将能源规划分为短期能源规划、中长期能源规划和远期能源规划，其对应的时间长度分别为 5~10 年、10~20 年和 20~50 年。

（二）根据涉及的地理范围分类

根据地理范围的大小可以分为国家能源规划、地区行政能源规划、区域能源规划。国家能源规划是由国务院能源管理部门开展，用来满足国民经济的发展需要。国家能源规划需要充分考虑所有能源种类及与能源生产运输、加工转换相关的因素。在我国，每五年都会制定一个国家能源发展规划，为未来五年的能源发展指明方向。地区能源规划是某一地域范围内的能源规划，可以划分为地区行政能源规划和区域能源规划。地区行政能源规划是按照省市行政单元进行的能源规划，是为了满足当地经济社会发展的需要；区域能源规划是关于某一特定地区的规划，不再局限于某一省市行政单位，这类规划是为了使有联系的地区实现利益最大化。

（三）根据能源进行分类

能源规划按照不同的能源可以分为天然气、煤炭、石油、水能、核能、风能、太阳能、生物质能等规划，规划包含未来一段时间的发展目标、发展规模、建设基金和基本项目计划，与其他能源发展规划相比较，单种能源的发展规划对于某一种能源发展的要求更具体，更有实践作用。同时不同能源利用之间存在着交叉，因而规划的内容上也存在着交叉。

（四）根据能源流动环节进行分类

根据能源流动的不同环节，可以将能源流动分为能源开采、能源加工转换、能源消费等不同专项。

五、能源规划与其他规划之间的关系

能源系统是一个开放系统，因而在进行能源系统规划时还需要考虑其他社会规划对能源规划的影响，其中包括社会经济总体规划、城市总体发展规划、环境保护规划、国土规划等，他们之间相互影响，联系紧密。

国土规划是从土地、水、矿产、劳动力等资源的合理开发利用角度，按照规定的程序制定国家或某一地区的国土开发、利用、治理、保护方案，从而确定自然资源的开发布局与方案，合理安排重大基础建设，实现地区环境治理和保护。为实现科学布局，协调发展，能源资源开发和能源工业发展需要以国土规划为指导，建立在国土规划的基础上，根据国土规划做出必要的调整。

城市总体发展规划是为确定城市的发展方向和发展规模，实现城市经济和社会发展目标，合理利用城市土地，协调城市空间布局进行的统筹安排，是城市发展的规划。城市能源规划可以看作是城市发展规划的一部分，能源规划的制定需要满足城市的发展，保障城市工业生产和居民生活消费等各方面的能源需求。

环境保护规划是为了保护改善环境质量，协调生态环境与城市发展之间的动态平衡关系，科学规划经济发展模式和结构。环境规划和能源规划都可以看作是城市规划的一部分，在制定能源规划中，需要协调环境规划的目标，使得资源开发利用对环境造成的影响最小。

社会经济总体规划是国家或地区在一段时间内的经济和社会发展的全局安排，包括社会发展的总目标、任务和总政策，明确了发展的方向和发展的重点。能源系统是国民经济的重要组成部分，产业的发展需要能源系统提供动力，能源资源的开发利用运输又需要某些产业来维持。因而社会经济总体规划与能源规划密切相关，在进行能源规划时需要考虑社会经济发展目标与任务，实现经济可持续发展。

六、能源系统规划的步骤

能源系统规划一般分为以下几个步骤，分别为：发现问题并进行调查研究、建立能源模型、求解能源模型并对结果进行解释以及实践应用四个阶段。

（一）发现问题并进行调查研究

进行能源规划首先需要发现问题，根据不同的问题确定此次能源规划的总体目标，明确规划的总任务及限制条件，如资源可供能力、能源价格、节能指标、环境影响等。不同的情况对应着不同的调查思路，选择合适的调查方法进行调查研究，用定量的或数字的描述方法来体现研究内容的特征，为后续的建模分析等步骤奠定基础。

调查研究由两部分组成，首先，调查是通过各种方法有计划、有目的地对事实情况进行数据和资料收集，经常用到的调查方法有文献调查法、问卷调查法、实地观察法、访问调查法等，通过这些方法收集能源生产和消费数据信息。其次，将调查的结果进行甄别，去伪存真，运用统计学方法分析能源历史、现状和未来发展趋势，从而获得有关能源发展的一般规律，使未来的能源发展规划有一个相对可靠的数据基础，掌握发展的本质。调查是研究的基础，研究是调查的延伸，在工作中相互联系，确定所建模型的规模结构。

（二）建立能源模型

制定能源规划的数学模型一直是支撑决策的重要手段，随着对能源系统认识的加深，用来描述能源平衡、能源预测和能源优化的数学模型变得逐渐复杂起来。在全球范围内对能源系统管理方面已经建立了各种模型，这些模型都有一个共同的前提——认为能源系统是一个有机的整体，决策者可以利用这些能源模型进行规划，用来处理能源发展问题。能源系统大体可以分为确定性能源系统模型和基于不确定条件下的能源系统模型，前一种能源模型又可以分为线性规划、动态规划和多目标规划，而后一种能源模型可以分为随机规划模型、模糊规划模型和区间规划模型。利用能源模型，可以进行能源需求预测分析、能源供应预测分析（包括能源资源和能源供应工艺两方面）、能源供求平衡及影响因素分析。

（三）求解能源模型并对结果进行解释

规划模型大多是优化模型，运算结果是在一定的目标下，满足多约束条件时的寻优。在运算此类模型时，可以做灵敏度分析，即稍稍变动约束条件或有关参数，看其结果如何变化，以观察各种约束条件和各有关参数对优化结果的影响程度，从而确定某些约束条件和参数可以放宽的程度，并作为各种备选方案的评比内容。

（四）实践应用

根据能源模型的结果以及数学解释确立相应的规划方案，对整个规划进行评估评价，并对规划中突出的地方进行详细说明。根据能源规划，确定能源系统结构，编制能源系统规划相应的财务预算规划，制定能源供应管理战略和能源需求管理战略。

综上所述，能源规划的制定需要将能源系统中的各子系统统一起来，作为一个整体来考虑，强调整个系统的综合性，协调能源供应、能源成本、环境保护等多方面，使整个系统发展达到最初制定的目标。最终的能源规划方案应是合理的、可持续的、环保的以及可操作的。

七、能源规划指标体系

在能源规划中，指标是用来反映能源变化趋势的工具，可以反映规划实施期间能源需求、能源供应、能源效率等方面特征，其构成决定于能源规划的内容。能源规划指标具有政策相关性、可评价性、内在联系性、综合性、数值定量化、时效性、面向用户的特征，可以分为能源总量、能源效率、能源结构和环境保护四个方面的内容。具体的能源规划指标体系如图 7-5 所示。

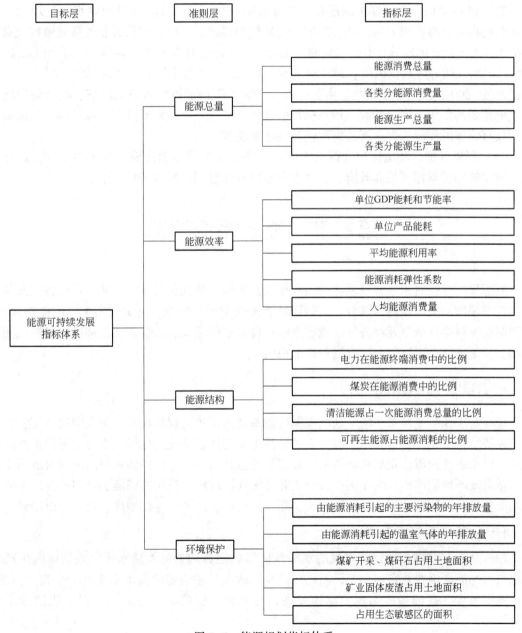

图 7-5　能源规划指标体系

（1）能源总量。对能源总量指标的要求源于能源规划的第一个目标，即协调能源发展与经济社会发展，保证国民经济和社会的健康发展。能源总量可以分为能源消费量和能源生产量，能源消费量和能源生产量又可以根据能源类型分为一次能源总量和各分类型能源量。

（2）能源效率。能源效率是指单位能耗创造的产值。我国能源利用具有利用效率很低、单位产值能耗高、单位产品能耗高的特点，这不利于实现社会和经济健康发展。提高能源效率不仅可以解决能源短缺问题，也可以极大减少环境污染，因此解决能源效率问题是解决能源问题的关键。能源效率指标以提高能源效率，促进消费者以投入较少能源来满足其需求为目标。

（3）能源结构。中国煤炭储量高，能源消耗一直以煤为主，大量的煤炭消耗增大了环境污染的程度。有资料表明，相等热值的天然气和煤炭燃烧时，燃用天然气排放颗粒只有煤炭的 1/616，一氧化硫只有不到煤炭的 1/120，一氧化碳只有不到煤炭的 1/132，如果用 $1 \times 10^8 m^3$ 天然气代替煤炭供民用，每年可节煤 $30 \times 10^4 t$，节煤率可达 50%~70%，减少一氧化硫排放量 3600t，减少烟尘 300t。由此可以看出能源结构的改变对我国经济、社会的发展具有十分重要的作用。确定能源结构指标目的是指导政府、企业不断改善能源结构，积极采用低污染高效率的能源，促进清洁能源代替重污染能源。

（4）环境保护。环境保护准则从大气、土壤、生态等方面选取了相关的指标，通过设立环境保护相关指标，提高政府、企业等方面的环保意识，减少环境污染。

第四节　能源系统预测

能源预测是指对未来各种能源的需求量以及不同能源比例关系的预测，可以将能源预测分为需求预测和供应预测两部分。正确面对能源供需矛盾问题，制定切实可行的能源规划，对我国能源科学发展以及经济社会稳定进步有着重要的意义，而这需要以准确的能源预测为基础，接下来将会对这部分内容进行详细说明。

一、能源需求预测

能源需求预测是从某一特定区域范围内能源消费历史与现状出发，根据国民经济发展目标、经济结构变化、科学技术发展、人民生活水平提高、节能措施等因素与能源消费之间的关系，对未来能源需求发展趋势做定性或定量的估计，确定国民经济各部门之间对能源需求的总量以及不同能源类型的比例。进行能源需求预测时经常采用能源需求预测的方法主要有人均能量法、弹性系数法、回归分析法、部门分析法、经济计量模型法、投入产出法等。

（一）能源需求影响因素

（1）国民经济状况。经济发展的水平直接影响能源产业的发展水平，人均国内生产总值也与人均能源消费量密切相关，因此国民经济状况是影响能源需求水平的一个重要因素。改革开放至今，我国经济实现了高速发展，与此相对应的能源需求也实现了快速的上升态势。

（2）产业结构。产业结构是指国民生产总值中不同产业的构成比例。不同的产业部门能耗指数相差较多，三大产业结构中，第二产业工业和建筑业的能耗指数远高于第一产业农业、林业、渔业、牧业和第三产业服务业的能耗指数，产业结构的调整不可避免地会影响综合能源消耗状况。除此之外各产业内部结构的变化也会影响能源的需求，如第二产业内部传统的高能耗行业与新兴的高附加值行业的比例改变，也会使能源需求发生改变。

（3）能源消费结构。能源消费结构是整个能源消费量中不同能源品种所占的比例。中国能源分布具有富煤、贫油、少气的特点，因而煤炭消费量较高，在整个能源结构中占据主要比例。然而相较于石油和天然气，煤炭的利用效率较低，使用煤炭作为主要能源，不但使综合能源利用效率低，而且不利于环境保护。但是随着经济技术的发展和生态环保意识的提高，逐渐提高优质能源在能源结构中所占的比例，成为未来能源消费结构发展的趋势。

（4）居民生活水平。随着生活水平的提高，人们的消费和出行观念发生了改变，不再简单满足于基本的生存需求，而开始追求高级享受，如在住的方面要求舒适美观甚至豪华，在出行方面追求快捷舒适，饮食方面也从吃饱过渡到追求营养美味健康。消费结构的改变带动了产业结构的变化，从而增加了对能源的消费，如对电力、液体燃料、气体燃料等优质能源的需求增加。

（5）科技水平。科学技术的进步可以改善能源的利用方法，提高能源利用率，减少环境污染，极大降低能源利用的成本。但是，科技水平的提高又促进了经济的增长，经济发展状况与能源消费状况呈现出正相关关系，即科技水平的提高也促进了能源的消耗，提高能源需求量。

（二）能源需求预测思路

消费能源可以分为煤炭、石油、天然气和电力四个类别，每个类别按照用途可以进一步细分为加工投入产出能源、第一产业消费能源、第二产业消费能源、第三产业消费能源与生活消费能源。在对能源需求进行预测时，可以采用"先细后粗，多寡有序，效果为先"的思路进行。如图7-6所示，是具体的能源需求预测结构逻辑图。

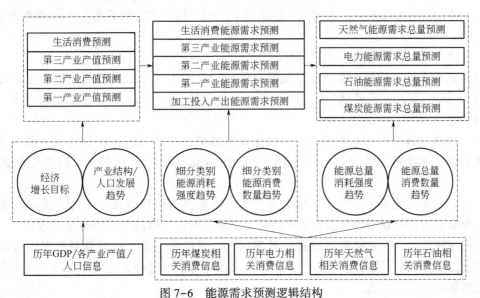

图7-6 能源需求预测逻辑结构

"先细后粗"是指先对细分类别进行分析，从细分类别中寻找规律，根据发现的规律对细分类别的能源需求进行预测。若从细分类别中无法找到规律，无法进行能源需求预测时，选择细分类别上一级的总消费量进行统计分析，总结规律，进行能源需求预测。

"多寡有序"是指在能源需求预测过程中尽可能多地考虑到不同要素对能源消费的影响。

"效果为先"是指采用不同的能源模型分别进行拟合，最后将不同的预测模型进行评价比较，选择效果较好的能源模型进行需求预测。

（三）能源需求预测方法

能源需求预测方法有弹性系数法、人均能量法、单位产值能耗法等，下面对几种方法进行详细解释。

1. 弹性系数法

能源消费量与国民经济有着密切的关系，国民经济发展速度越快，能源消费量的增长速度就越快，两种增长率之间的关系可以用一个能源消费"弹性"系数来表示，即能源弹性系数。能源弹性系数 ε 的数学表达式可以写成

$$\varepsilon = \frac{\Delta E/E}{\Delta G/G} = \frac{\Delta E}{\Delta G} \cdot \frac{G}{E}$$

式中，E 为能源消费量；G 为综合反映一国经济活动的经济指标，我国一般采用工农业总产值或国民收入。

能源弹性系数反映了能源消费对经济增长的敏感程度，也就是说经济每增长一个百分点，相应的能源消费可以增长几个百分点，其值受到很多因素的影响，主要有国民经济结构、能源利用效率、能源利用水平和国家经济政策：

$\varepsilon > 1$ 时，表示弹性较大，表示在一定条件下，国民经济增长的速度小于能源消费需求增长的速度；

$\varepsilon = 1$ 时，表示国民经济增长的速度与能源消费需求增长的速度按比例同时增长；

$\varepsilon < 1$ 时，表示弹性较小，表示在一定条件下，国民经济增长的速度大于能源消费需求增长的速度。

影响能源弹性系数值的主要因素有：

（1）能源有效利用程度的变化。能源有效利用程度需要考虑设备的先进程度和技术状态，以及煤炭、石油、天然气、风能、水能、电能等能源的构成，能源利用的管理水平，能源利用状况等。

（2）经济结构和产品结构的变化。能耗少附加值高的产品所占比例增多，可以降低能源弹性系数；加快轻工业发展，提高轻工业在产业结构中所占比例，可以降低能源弹性系数。

（3）居民消费水平的变化。一般居民消费水平提高与经济发展水平相适应，对能源弹性系数影响不大，但是当居民消费水平增长速度较低时，可以减小能源弹性系数。

利用弹性系数对未来能源需求进行预测时，可以根据历史上能源消费数据进行回归分析，找出回归方程和系数，以此方程来推导未来能源需求。这种方法简单易行，主要是对中远期的能源需求进行预测。

2. 回归分析法

能源需求与各影响因素之间存在着一种客观依存关系，这种关系是不确定的，而回归分析正是解决此类问题的一个典型方法。运用数理统计中的回归分析来建立变量之间的函数关

系，对未来能源需求进行预测，比较常用的回归分析方法是线性回归分析法。

（1）一元线性回归预测。

设有两个变量 X 和 Y，对其进行 n 次测试，获得 n 组数据。将获得的数据绘制散点图，如果相关点近似落在一条直线上，就可以用函数

$$\hat{Y} = a + bX$$

来近似描述 X 与 $\hat{Y}$ 之间的关系，其中 Y 为预测值。方程的确定主要是参数的确定，而一般通过最小二乘法来确定参数，即实际测量值 y_i 与预测值 $\hat{y}_i$ 差的平方和为最小，即

$\sum\limits_{i=1}^{n} (\hat{y}_i - y_i)^2 = \sum\limits_{i=1}^{n} \left[(a + bx_i) - y_i \right]^2$ 的值最小。

设 $\theta(a, b) = \sum\limits_{i=1}^{n} \left[(a + bx_i) - y_i \right]^2$

由多元函数极值原理知，极点值应满足：

$$\begin{cases} \dfrac{\partial \theta}{\partial a} = \sum\limits_{i=1}^{n} \left[(a + bx_i) - y_i \right] = 0 \\ \dfrac{\partial \theta}{\partial b} = \sum\limits_{i=1}^{n} \left[(a + bx_i) - y_i \right] x_i = 0 \end{cases}$$

整理得

$$\begin{cases} a = \bar{y} = b\bar{x} \\ b = \left(\sum\limits_{i=1}^{n} x_i y_i - \bar{x} \sum\limits_{i=1}^{n} y_i \right) \Big/ \left(\sum\limits_{i=1}^{n} x_i^2 - \bar{x} \sum\limits_{i=1}^{n} x_i \right) \\ \bar{x} = \dfrac{1}{n} \sum\limits_{i=1}^{n} x_i, \bar{y} = \dfrac{1}{n} \sum\limits_{i=1}^{n} y_i \end{cases}$$

（2）多元线性回归预测。

当因变量变化受多个自变量影响时，可以选择多元线性回归预测。设变量 Y 值受到多个自变量 X_1、X_2、X_3、$\cdots$、X_n 的影响，由此可得到

$$\hat{Y} = a_0 + b_1 X_1 + b_2 X_2 + \cdots + b_n X_n$$

式中，a_0 为常数项，b_1、b_2、$\cdots$、b_n 分别为 Y 对 X 的回归系数。同样，可以根据最小二乘法确定参数的值。由于建立多元线性回归方程时计算量较大，故多采用计算机进行计算。

回归分析法预测使用较为广泛，根据历史上能源消费与其影响因素的统计数据进行回归分析，找到合适的回归方程和回归系数，以此来推测未来的能源需求量。该方法简便实用，可以进行能源需求预测，可以利用相关检验确定影响需求的因素中的主要因素。

3. 时间序列分析法

时间序列分析法研究预测对象的自身演变过程及其发展趋势，用来分析统计数据按照时间的变化规律，从而预测未来能源需求量。

（1）指数曲线预测法。

把能源消费量（E）表示为时间的函数：

$$E = A \cdot e^{BT}$$

式中，T 为时间，1962 年 $T=1$，以下年份以此类推。

（2）指数平滑法预测。

使不规则的历史数据构成平滑的曲线，得到能源的一般发展规律。三次指数平滑法的基本公式：

$$s_t^{(1)} = a \cdot x_t + (1-a) s_{t-1}^{(1)}$$

$$s_t^{(2)} = a \cdot s_t^{(1)} + (1-a) s_{t-1}^{(2)}$$

$$s_t^{(3)} = a \cdot s_t^{(2)} + (1-a) s_{t-1}^{(3)}$$

式中　$s_t^{(i)}$——第 t 周期的 i 次指数平滑预测值，$i=1$、2、3；

　　　x_t——第 t 周期的新数据；

　　　a——平滑系数，$0 \leqslant a \leqslant 1$，表示新数据与旧数据的分配比值。

预测模型为

$$Y_{t+T} = a_t + b_t T + c_t T^t$$

其中

$$a_t = 3s_t^{(1)} - 3s_t^{(2)} + s_t^{(3)}$$

$$b_t = \frac{a}{2(1-a)^2} [(6-5a) s_t^{(1)} - 2(5-4a) s_t^{(2)} + (4-3a) s_t^{(3)}]$$

$$c_t = \frac{a^2}{2(1-a)^2} [s_t^{(1)} - 2s_t^{(2)} + s_t^{(3)}]$$

在预测时，a 的取值应尽可能使预测误差的平方和最小。

时间序列分析方法应用方便，预测时只需要序列本身的历史数据，不需要搜集与序列本身有关的因素，但是该方法缺乏严格的理论基础，只能用于近期和中期的预测。

4. 投入产出法

首先将各部门的投入和产出编制成一张棋盘式的投入产出表，利用经济学原理，根据投入产出表的平衡关系建立投入产出数学模型，然后利用这一模型以及矩阵运算和计算机算法来综合分析和考察国民经济各部门产品的生产与消耗之间的数量依存关系。所谓投入，是指产品生产所需的原材料、燃料、动力、固定资产折旧和劳动力的投入；所谓产出，是指产品生产的总量及其分配使用的方向和数量，如用于生产消费（中间产品）、生活消费、积累和净出口等（后三者总称为最终产品）。在商品经济的条件下，经济系统各个部门间投入和产出的相互依存关系表现为商品交换关系，即作为商品的购买者、作为资源的占用或使用者、作为销售者等的相互关系。

投入产出表见表 7-1，由Ⅰ、Ⅱ、Ⅲ、Ⅳ四个部分组成。其中，第Ⅰ象限由名称相同、排列次序相同、数目一致的若干个产品部门纵横交叉而成的中间产品矩阵，矩阵中的每个数字都有双重意义：从横行的方向反映产出部门的货物或服务提供给各投入部门作为中间使用的数量；从纵行的方向反映投入部门在生产过程中消耗各产出部门的货物或服务的数量，揭示了国民经济各部门之间相互依存、相互制约的经济技术联系。第Ⅱ象限纵列是包括积累与消费两个部分的所谓最终产品，反映了生产部门的货物或服务用于各种最终使用的数量和构成，体现了生产总值经过分配和再分配后的最终使用。第Ⅲ象限横行是新创造的价值，包括劳动者的应得报酬与社会纯收入两大部分，用来反映各产品部门增加值的构成情况，体现生产总值的初次分配。第Ⅳ象限用来反映国民收入的再分配过程。

表 7-1　投入产出表

投入＼产出		中间使用	最终使用			总产出
		1, 2, 3, …, n	最终消费	资本形成总额	净出口	
中间投入	1 2 ⋮ n	第Ⅰ象限	第Ⅱ象限			
增加值	劳动报酬 固定资产折旧 生产税 营业盈余	第Ⅲ象限	第Ⅳ象限			
	总投入					

投入产出分析是一种全面、定量、深刻地了解一个经济系统内部机制的有效工具，是进行经济平衡和规划管理的重要手段。

(四) 能源需求预测方式的选择

能源需求预测方法有很多，大致可以分为相关关系预测法和时间序列预测法。相关关系预测法是用统计方法找出现象与能源需求关系之间的结构比例关系，通过总结出的关系进行能源需求预测。这种预测方法包括弹性系数法、回归分析法、单位能耗法等。时间序列预测方法可以分为两类，分别为确定时间序列预测方法和随机事件序列预测方法。确定时间序列是指设法消除序列中的随机波动状况，进行拟合，得到确定的趋势。随机事件序列则是根据随机理论进行分析预测。

所有方法都有着自身的优缺点，如回归分析法以历史发展状况为基础，在缺乏其他详细的统计资料时较为适用，但是一般只适用于近期和中期预测，对于远期由于模型中所用的外生变量往往会偏离观测值过多，影响预测的准确程度；时间序列分析法只能用于近期和中期预测，且模型不能完全反映能源利用水平对能源消费的影响，预测结果一般仅起参考作用；能源消费弹性系数法运算方便，不仅可以进行近期和中期的能源需求预测，还可以进行远期预测，计算方便，其优势是在于缺乏一些历史数据的时候也可以进行预测；投入产出法进行预测时不仅可以得到总的能源需求量还可以得到不同品种能源的需求量，其概念也较为清楚，但是计算过程复杂。因而，在实际预测过程中，需要根据实际情况的不同，选择适合的预测方法。

二、能源供给预测

能源供给预测是收集数据，数据分析，总结规律，对未来能源供应总量以及各类能源的供应比例，通过能源供应预测来掌握未来一次能源供应量以及供应点的布局趋势，为能源规划提供相关信息。

(一) 能源供给影响因素

我国能源供给以煤炭为主，而石油、天然气以及可再生资源由于各种因素的限制，在能源结构中所占比例一直不高。煤炭属于不可再生资源，其开采率和利用效率低，使得能源整体利用率较低，这对我国能源供给提出了严峻挑战，使得能源供给因素成为研究的方向。

1. 能源资源

能源资源的天然储量会直接对能源供给产生影响，我国能源资源主要有煤、石油、天然气、风电、水电和核电，因此选取以上能源资源作为能源资源影响因素的指标，对能源供给进行分析。

2. 产业架构

第一、第二、第三产业对不同能源的需求量直接影响各类能源的供给水平，适当降低第二产业的比重，增加第三产业的比重有利于调整能源供给的紧张，促进能源供给的低碳化发展。

3. 经济增长水平

不同的经济增长水平需要与其相适应的能源数量与种类，主要体现在国民生产总值、资本投入和劳动投入等方面。分别选取国民生产总值、资本存量、社会劳动者人数作为经济增长水平的指标探究经济增长水平对能源供给的影响。

4. 技术进步

技术进步对能源供应的影响主要体现在以下两个方面：一方面技术进步可以提高能源的供给效率，解决能源供给效率低的问题，另一方面技术进步可以推进清洁能源和可再生能源对化石能源的有效替代，缓解化石能源枯竭供应不足的问题。由于技术进步对能源供给的影响主要体现在能源转换效率提高方面，而这依靠能源专业的技术人员不断努力才得以实现，因此一般选取能源加工转换效率和专业技术人员比重作为考虑技术进步对能源供给影响的评价指标。

（二）能源供给预测影响思路

能源供给和能源需求一样可以分为煤、石油、天然气和电力四个类别，每个大的类别同样可以进一步细分为年初库存、一次能源生产、回收能源、外部净调入、进出口、加工转换投入产出等形式。在进行能源供给预测时，同样可以采用"先细后粗，多寡有序，效果为先"的思路进行预测，每一点的含义与能源需求预测类似，其预测思路结构如图7-7所示。

（三）能源供给预测方法

未来能源储量、能源加工工艺开发、能源投资等因素会影响能源的开发和供应，探究未来能源供应状况是制定能源规划的前提，因而对未来能源供给进行预测有重要意义。常用的能源供给预测方法有能源储量分析法、趋势法和能源系统分析法等。

1. 能源储量分析法

能源储量分析法是根据已经查明的可供开发的储量，并考虑到能源生产周期来推测未来一段时期的能源供应量。

2. 趋势法

根据历史能源供应量进行数据统计和分析，结合能源储量以及进出口交易，推测未来能源供应量。

3. 能源系统分析法

综合考虑能源资源、能源需求、能源运输、能源加工、能源交易、生态环境等因素，提出若干可行方案，根据系统分析，选出可行、合理、可接受的能源供应方案。

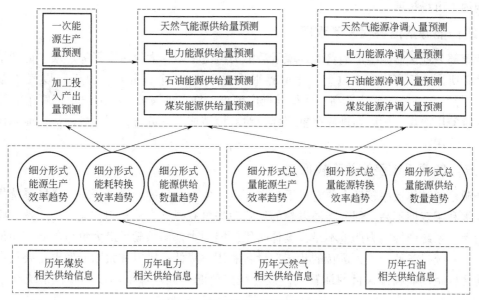

图 7-7 能源供给预测逻辑结构

三、能源发展的主要问题和挑战

"十三五"时期，我国能源消费增长的速率减小，保证能源供给的压力得到了明显缓解，供需状况相对宽松，能源发展进入了新的阶段。然而，在供需关系缓和的同时，结构性、体制机制性等深层次矛盾进一步凸显，这些因素都会制约能源的健康可持续发展。未来我国的能源发展将既面临调整优化结构、加快升级转型的战略期，又面临着诸多矛盾交织、风险隐患增多的严峻挑战。

（一）传统能源产能结构性过剩问题突出

煤炭业存在生产过剩的问题，但是相关企业仍在加量生产，使得供求关系严重失衡，煤电机组的平均利用小时数明显偏低，导致设备利用效率低下、能耗和污染物排放水平大幅增加。炼化产业快速发展，产能利用率不足使得原油一次加工能力过剩，但同时高品质清洁油品生产能力不足。

（二）可再生能源发展面临多重瓶颈

我国风电、水电以及光伏装机规模居于世界前列，但是部分地区弃风、弃水、弃光问题严重，使得电力系统调峰能力不足，难以实现可再生能源大规模并网消纳，不利于可再生能源发展。全额收购、鼓励技术创新等可再生能源的相关政策不够健全，使得可再生能源发展受到限制

（三）天然气消费市场急需开拓

天然气消费市场同时存在着天然气消费水平明显偏低和供应能力阶段性富余的问题，因此需要尽快拓展新的消费市场，增加天然气的消费量。然而市场规模的拓展受到了基础设施和市场机制的制约。基础设施不够完善，管网密度低，输配成本偏高，阻碍了天然气消费规模的扩大。机制不健全，国际市场的低价天然气难以适时进口，使天然气价格水平总体偏

高，制约了市场拓展。

（四）能源清洁替代任务艰巨

我国部分地区能源生产消费的环境承载能力接近上限，大气污染形势严峻。能源结构中煤炭消费所占比重高达 20% 以上，比世界平均水平高 10 个百分点。由于"以气代煤"和"以电代煤"等清洁替代成本高，使得其推广困难，许多小锅炉、小窑炉及家庭生活等领域仍在大量使用散煤，污染物排放严重超标，对环境造成严重危害，因而急需清洁能源作为替代品投入使用。

（五）能源系统整体效率较低

能源系统整体效率较低主要有以下三点原因：电力、热力、燃气等不同供能系统集成互补、梯级利用程度不高，部分能源以热的形式散失没有得到充分利用；电力、天然气峰谷差逐渐增大，系统调峰能力严重不足，设计时供应能力大都参照满足最大负荷需要，使得非高峰期部分系统设备处于停止运转的状态，设备利用率降低；风电和太阳能发电主要集中在西北部地区，距离能源输送目的地较远，该过程需要配套大量煤电用以调峰，系统利用效率不高。

（六）跨省区能源资源配置矛盾凸显

能源资源富集地区大都仍延续大开发、多外送的发展惯性，而主要能源消费地区需求增长放缓，市场空间萎缩，更加注重能源获取的经济性与可控性，对接受区外能源的积极性普遍降低。能源送受地区之间利益矛盾日益加剧，清洁能源在全国范围内优化配置受阻，部分跨省区能源输送通道面临低效运行甚至闲置的风险。

（七）适应能源转型变革的体制机制有待完善

能源价格、税收、财政、环保等政策衔接协调不够，完善能源市场体系建设滞后，市场配置资源的作用没有得到充分发挥。价格制度不完善，天然气、电力调峰成本补偿及相应价格机制较为缺乏，科学灵活的价格调节机制尚未完全形成，不能适应能源革命的新要求。

四、中国能源发展趋势

（一）能源系统向高效智能优化

结合全国主体功能区规划和大气污染防治要求，充分考虑产业转移与升级、资源环境约束和能源流转成本，优化能源开发布局，提升能源系统效率。同时加快大型抽水蓄能电站、龙头水电站、天然气调峰电站等优质调峰电源建设，加大既有热电联产机组、燃煤发电机组调峰灵活性改造力度，积极开展储能示范工程建设，推动储能系统与新能源、电力系统协调优化运行，提高电力系统调峰性能。完善市场机制及技术支撑体系，逐步完善价格机制，引导用户自主参与调峰、错峰。加强终端供能系统统筹规划和一体化建设，在新城镇、新工业园区、新建大型公用设施、商务区等用能区域实施终端一体化集成供能工程，因地制宜推广天然气热电冷三联供、分布式再生能源发电、地热能供暖制冷等供能模式，推动能源生产供应集成优化。加快推进能源全领域、全环节智慧化发展，实施能源生产和利用设施智能化改造，推进能源监测、能量计量、调度运行和管理智能化体系建设，提高能源发展可持续自适应能力，统筹能源与通信、交通等基础设施建设，构建能源生产、输送、使用和储能体系协调发展、集成互补的能源互联网，推动"互联网+"智慧能源发展。

（二）能源消费向节约低碳推动

调整产业结构，综合运用经济、法律等手段，切实推进工业、建筑、交通等重点领域节能减排，加强重点行业能效管理，推动重点企业能源管理体系建设，提高用能设备能效水平，严格钢铁、电解铝、水泥等高耗能行业产品能耗标准，提高能源效率。开展煤炭消费减量行动，全面实施散煤综合治理，逐步推行天然气、电力、洁净型煤及可再生能源等清洁能源替代民用散煤，提升能效环保标准，积极推进钢铁、建材、化工等高耗煤行业节能减排改造。积极推进天然气价格改革，推动天然气市场建设，探索建立合理气、电价格联动机制，降低天然气综合使用成本，加快建设天然气分布式能源项目和天然气调峰电站，拓展天然气消费市场。实施电能替代工程，积极推进居民生活、工业与农业生产、交通运输等领域电能替代，提高铁路电气化率，适度超前建设电动汽车充电设施，大力发展港口岸电、机场桥电系统，促进交通运输"以电代油"。加快推进普通柴油、船用燃料油质量升级，推广使用生物质燃料等清洁油品，开展成品油质量升级专项行动。

（三）能源供给向多元发展

推动能源供给侧结构性改革，把推动煤炭等化石能源清洁高效开发利用作为能源转型发展的首要任务，坚持转型升级和淘汰落后相结合，综合运用市场和必要的行政手段，提升存量产能利用效率，从严控制新增产能，支持企业开展产能国际合作，推动市场出清，多措并举促进市场供需平衡。积极发展非化石能源，充分利用当地优势，大力发展太阳能、风能、生物质能等清洁能源产业及其配套产业，提高清洁能源的消纳水平。

（四）驱动能源技术创新

技术创新是能源高质量发展的重要推动力，加强能源科技创新体系顶层设计，完善科技创新激励机制，统筹推进基础性、综合性、战略性能源科技研发，培育更多能源技术优势并加快转化为经济优势。深入实施创新驱动发展战略，推动大众创业、万众创新，加快推进能源重大技术研发，打造若干具有国际竞争力的科技创新型能源企业。推进重点技术与装备研发，围绕油气资源勘探开发、化石能源清洁高效转化、可再生能源高效开发利用、核能安全利用、智慧能源、先进高效节能等领域，加强重点领域能源装备自主创新，推动可再生能源上游制造业加快智能制造升级，提升全产业链发展质量和效益。

（五）能源体制向公平效能推动

完善现代能源市场，加快形成统一开放、竞争有序的现代能源市场体系，放开竞争性领域和环节，实行统一市场准入制度，推动能源投资多元化，积极支持民营经济进入能源领域，健全市场退出机制。推进天然气交易中心建设，健全能源市场监管机制，强化自然垄断业务监管，规范竞争性业务市场秩序。推进能源价格改革，建立合理反映能源资源稀缺程度、市场供求关系、生态环境价值和代际补偿成本的能源价格机制，研究建立有利于激励降低成本的财政补贴和电价机制，实现风电、光伏发电上网电价市场化。深化电力体制改革，建立相对独立、运行规范的电力交易机构，改革电网企业运营模式，开放除公益性、调节性以外的发用电计划和配电增量业务，鼓励以混合所有制方式发展配电业务，全面放开用户侧分布式电力市场，实现电网公平接入，完善鼓励分布式能源、智能电网和能源微网发展的机制与政策，促进分布式能源发展。逐步扩大油气体制改革试点范围，有序放开油气勘探开发、进出口及下游环节竞争性业务，研究推动网运分离，实现管网、接收站等基础设施公平开放接入。

（六）加强能源国际合作

推进能源基础设施互联互通，加快推进能源合作项目建设，促进"一带一路"沿线国家和地区能源基础设施互联互通，研究推进跨境输电通道建设，积极开展电网升级改造合作。加大国际技术装备和产能合作，加强能源技术、装备与工程服务国际合作，深化合作水平，促进重点技术消化、吸收再创新，鼓励以多种方式参与境外重大电力项目，因地制宜参与有关新能源项目投资和建设，有序开展境外电网项目投资、建设和运营。积极参与全球能源治理，通过基础设施互联互通、市场融合和贸易便利化措施，协同保障区域能源安全，探讨构建全球能源互联网。

思考题

1. 简述能源梯级利用的含义以及意义。
2. 简述我国能源系统存在的主要问题。
3. 简述能源发展的风险影响因素。
4. 简述分布式能源系统的特征及优缺点。
5. 简述能源互联网的特征及发展趋势。

第八章

能源工程技术经济分析

第一节　技术经济分析基础

一、资金的时间价值

资金的时间价值是指一定量资金在不同时点上价值量的差额，又称为货币的时间价值。具体是指资金在周转过程中会随着时间的推移而发生增值，使资金在投入、收回的不同时点上价值不同，形成价值差额，即一定量的资金投入生产经营或存入银行，会取得一定利润和利息，从而产生资金的时间价值。

（一）资金时间价值产生的条件

资金时间价值产生的前提条件，是由于商品经济的高度发展和借贷关系的普遍存在，出现了资金使用权与所有权的分离，资金的所有者把资金使用权转让给使用者，使用者必须把资金增值的一部分支付给资金的所有者作为报酬，资金占用的金额越大，使用的时间越长，所有者所要求的报酬就越高。

资金在周转过程中的价值增值是资金时间价值产生的根本源泉。资金的时间价值不产生于生产与制造领域，而是产生于社会资金的流通领域。

（二）资金时间价值的表示形式

资金的时间价值可用绝对数（利息）和相对数（利息率）两种形式表示，通常用相对数表示。

资金时间价值的实际内容是没有风险和没有通货膨胀条件下的社会平均资金利润率，是企业资金利润率的最低限度，也是使用资金的最低成本率。

资金时间价值的计算包括一次性收付款项和年金的终值与现值。

（三）资金时间价值的作用

（1）衡量企业经济效益，考核经营成果的重要依据，如资金利润率。

（2）进行财务决策的重要条件，如融资决策中各方案资金成本的比较。

（3）减少资金闲置浪费。

二、现金流量图

（一）现金流量图的含义

把某一项投资活动作为一个独立的系统，其资金的流向（收入或支出）、数额和发生时点都不尽相同。为了正确进行经济效果评价，需要借助现金流量图来进行分析。现金流量图是用以反映项目在一定时期内资金运动状态的简化图式，即把经济系统的现金流量绘到一个时间坐标图中，表示出各现金流入、流出与相应时间的对应关系。

（二）绘制现金流量图的基本规则

首先，以横轴为时间轴，向右延伸表示时间的延续，轴上的每一刻度表示一个时间单位，两个刻度之间的时间长度称为计息周期，可取年、半年、季度或月等。横坐标轴上"0"点，通常表示当前时点，也可表示资金运动的时间始点或某一基准时刻。时点"1"表示第 1 个计息周期的期末，同时又是第 2 个计息周期的开始，以此类推，如图 8-1 所示。

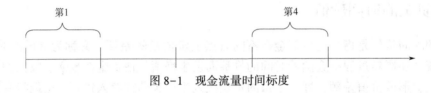

图 8-1　现金流量时间标度

注意，计算周期是指计算利息的时间单位，而计息期=计息周期数，是指计算利息的时间长度。

如果现金流出或流入不是发生在计息周期的期初或期末，而是发生在计息周期的期间，为了简化计算，公认的习惯方法是将其代数和看成是在计息周期的期末发生，称为期末惯例法。一般情况下，采用这个简化假设，能够满足投资分析工作的需要。

为了与期末惯例法保持一致，在把资金的流动情况绘成现金流量图时，都把初始投资 P 作为上一周期期末，即第 1 期期初发生的，这就是在有关计算中出现第 0 周期的由来。

相对于时间坐标的垂直箭线代表不同时点的现金流量。现金流量图中垂直箭线的箭头，通常是向上者表示正现金流量，向下者表示负现金流量，如图 8-2 所示。某一计息周期内的净现金流量，是指该时段内现金流量的代数和。

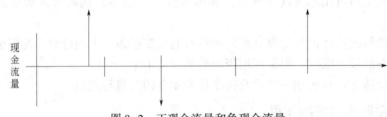

图 8-2　正现金流量和负现金流量

需要注意的是，现金流量图是进行复利计算和投资分析的有效辅助工具，现金流量图中的时间点"零"是资金运动的时间始点、某一基准时刻、既可有现金流入也可有现金流出的时间点。

三、资金等值

资金等值，指发生在不同时点上的两笔或一系列绝对数额不等的资金额，按资金的时间价值尺度，所计算出的价值保持相等。资金等值是指不同时间的资金外存在着一定的等价关系，这种等价关系称为资金等值，通过资金等值计算，可以将不同时间发生的资金量换算成某一相同时刻发生的资金量，然后即可进行加减运算。

资金等值的本质是不同时点资金终值和现值的计算。

（一）现值和终值的概念

现值又称本金，是指未来某一时点上的一定量现金折算到现在的价值。

终值又称将来值或本利和，是指现在一定量的现金在将来某一时点上的价值。

注意，由于终值与现值的计算与利息的计算方法有关，而利息的计算有复利和单利两种，因此终值与现值的计算也有复利和单利之分。在财务管理中，一般按复利来计算。

（二）一次性收付款项的终值和现值

一次性收付款项是指在某一特定时点上一次性支出或收入，经过一段时间后再一次性收回或支出的款项。例如，现在将一笔 10000 元的现金存入银行，5 年后一次性取出本利和。

1. 单利的现值和终值

单利是指只对本金计算利息，利息部分不再计息，通常用 P 表示现值，F 表示终值，i 表示利率（贴现率、折现率），n 表示计算利息的期数，I 表示利息。

（1）单利的利息：$I = P \times i \times n$。

（2）单利的终值：$F = P \times (1 + i \times n)$。

（3）单利的现值：$P = F / (1 + i \times n)$。

【例 8-1】　某人将一笔 5000 元的现金存入银行，银行一年期定期利率为 5%。请计算第一年和第二年的终值、利息。

解：$F_1 = P \times (1 + i \times n) = 5000 \times (1 + 5\% \times 1) = 5250$（元）

$\qquad F_2 = P \times (1 + i \times n) = 5000 \times (1 + 5\% \times 2) = 5500$（元）

从上面计算中，显而易见，第一年的利息在第二年不再计息，只有本金在第二年计息。此外，无特殊说明，给出的利率均为年利率。

【例 8-2】　如果希望 5 年后获得 10000 元本利和，银行利率为 5%。请计算现在须存入银行多少资金？

解：$P = F / (1 + i \times n) = 10000 \div (1 + 5\% \times 5) = 8000$（元）

上面求现值的计算，也可称贴现值的计算，贴现使用的利率称贴现率。

2. 复利的现值和终值

复利是指不仅对本金要计息，而且对本金所生的利息，也要计息，即"利滚利"。

（1）复利的终值。

复利的终值是指一定量的本金按复利计算的若干年后的本利和。

复利终值的计算公式为

$$F = P \times (1 + i)^n = P \times (F/P, i, n)$$

式中，$(1+i)^n$ 为"复利终值系数"或"1 元复利终值系数"，用符号 $(F/P,i,n)$ 表示，其数值可查阅 1 元复利终值表。

【例 8-3】 将 5000 元存入银行，银行利率为 5%，请计算第二年的本利和。

解：$F = P \times (1+i)^2 = 5000 \times (F/P,5\%,2) = 5000 \times 1.1025 = 5512.5$（元）

（2）复利的现值。

复利现值是指在将来某一特定时间取得或支出一定数额的资金，按复利折算到现在的价值。

复利现值的计算公式为

$$P = F/(1+i)^n = F \times (1+i)^{-n} = F \times (P/F,i,n)$$

式中，$(1+i)^{-n}$ 为"复利现值系数"或"1 元复利现值系数"，用符号 $(P/F,i,n)$ 表示，其数值可查阅 1 元复利现值表。

【例 8-4】 某人希望 5 年后获得 10000 元本利，银行利率为 5%。请计算某人现在应存入银行多少资金？

解：$P = F \times (1+i)^{-n} = F \times (P/F,5\%,5) = 10000 \times 0.7835 = 7835$（元）

（3）复利利息的计算。

$$I = F - P$$

【例 8-5】 根据例 8-4 资料计算 5 年的利息。

解：$I = F - P = 10000 - 7835 = 2165$（元）

（4）名义利率和实际利率。

在前面的复利计算中，所涉及的利率均假设为年利率，并且每年复利一次。但在实际业务中，复利的计算期不一定是 1 年，可以是半年、一季、一月或一天复利一次。当利息在一年内要复利几次时，给出的年利率称名义利率，用 i 表示，根据名义利率计算出的每年复利一次的年利率称实际利率，用 R 表示。实际利率和名义利率之间的关系为

$$R = \left(1 + \frac{i}{m}\right)^m - 1$$

式中，m 表示每年复利的次数。

【例 8-6】 现存入银行 10000 元，年利率 5%，每季度复利一次。请计算 2 年后能取得多少本利和？

解：（1）先根据名义利率与实际利率的关系，将名义利率折算成实际利率：

$$R = (1+i/m)^m - 1 = (1+5\%/4)^4 - 1 = 5.09\%$$

再按实际利率计算资金的时间价值：

$$F = P \times (1+i)^n = 10000 \times (1+5.09\%)^2 = 11403.91$$（元）

（2）将已知的年利率 r 折算成期利率 r/m，期数变为 $m \times n$：

$$F = P \times (1+r/m)^{m \times n} = 10000 \times (1+5\%/4)^{2 \times 4} = 10000 \times (1+0.0125)^8 = 11044.86$$（元）

四、年金的终值和现值

（一）年金概念

1. 年金的定义

年金是指一定时期内，定期等额的系列支付。例如折旧、租金、等额分期付款、养老

金、保险费、零存整取等都属于年金问题。

年金具有连续性和等额性特点。连续性要求在一定时间内，间隔相等时间就要发生一次收支业务，中间不得中断，必须形成系列。等额性要求每期收、付款项的金额必须相等。

2.年金的种类

年金根据每次收付发生的时点不同，可分为普通年金、预付年金、递延年金和永续年金四种。

注意，在财务管理中，讲到年金，一般是指普通年金。

（二）普通年金终值和现值计算

1.普通年金的定义

普通年金是指在每期的期末，间隔相等时间，收入或支出相等金额的系列款项。每一间隔期，有期初和期末两个时点，由于普通年金是在期末这个时点上发生收付，故又称后付年金。

2.普通年金的终值

普通年金的终值是指每期期末收入或支出的相等款项，按复利计算，在最后一期所得的本利和。每期期末收入或支出的款项用 A 表示，利率用 i 表示，期数用 n 表示，那么每期期末收入或支出的款项，折算到第 n 年的终值为

$$F=A+A\times(1+i)^1+\cdots+A\times(1+i)^{n-3}+A\times(1+i)^{n-1}=A\times\frac{(1+i)^n-1}{i}=A\times(F/A,i,n)$$

式中，$\frac{(1+i)^n-1}{i}$ 为"年金终值系数"或"1元年金终值系数"，记为 $(F/A,i,n)$，表示年金为1元、利率为 i、经过 n 期的年金终值是多少，可直接查1元年金终值表。

【例8-7】 如果连续5年每年年末存入银行10000元，利率为5%，请计算第五年年末的本利和。

解：$F=A\times(F/A,5\%,5)=10000\times5.5256=55256$（元）

计算年金终值，一般是已知年金，然后求终值。有时会碰到已知年金终值，反过来求每年支付的年金数额，这是年金终值的逆运算，称作年偿债基金的计算，计算公式为

$$A=F\times\frac{i}{(1+i)^n-1}=F\times\frac{1}{(F/A,i,n)}=F\times(A/F,i,n)$$

式中，$\frac{i}{(1+i)^n-1}$ 作"偿债基金系数"，记为 $(A/F,i,n)$，可查偿债基金系数表，或根据年金终值系数的倒数来得到，即 $(A/F,i,n)=1/(F/A,i,n)$。

【例8-8】 某人在5年后要偿还一笔50000元的债务，银行利率为5%。请计算为归还这笔债务，每年年末应存入银行多少元？

解：$A=F\times(A/F,i,n)=50000\times[1/(F/A,5\%,5)]=9048.79$（元）

3.普通年金的现值

普通年金的现值是指一定时期内每期期末等额收支款项的复利现值之和。实际上就是指为了在每期期末取得或支出相等金额的款项，现在需要一次投入或借入多少金额，年金现值用 P 表示，其计算公式为

$$P = A \times (1+i)^{-1} + A \times (1+i)^{-2} + \cdots + A \times (1+i)^{-(n-1)} + A \times (1+i)^{-n} = A \times \frac{1-(1+i)^{-n}}{i} = A \times (P/A, i, n)$$

式中，$\dfrac{1-(1+i)^{-n}}{i}$ 为"年金现值系数"或"1元年金现值系数"，记作$(P/A, i, n)$，表示年金1元，利率为 i，经过 n 期的年金现值是多少，可查1元年金现值表。

【例8-9】 某人希望每年年末取得10000元，连续取5年，银行利率为5%。请计算第一年年初应一次存入多少元？

解：$P = A \times (P/A, i, n) = 10000 \times 4.3295 = 43295$（元）

从上面计算中，显而易见年回收额为43295元。

上题是已知年金的条件下，计算年金的现值，也可以反过来在已知年金现值的条件下，求年金，这是年金现值的逆运算，可称作年回收额的计算，计算公式为

$$A = P \times \frac{i}{1-(1+i)^{-n}} = F \times \frac{1}{(F/A, i, n)} = F \times (A/F, i, n)$$

式中，$\dfrac{i}{1-(1+i)^{-n}}$ 为"回收系数"，记作$(A/F, i, n)$，是年金现值系数的倒数，可查表获得，也可利用年金现值系数的倒数来求得。

【例8-10】 李某欲购入一套商品房，须向银行按揭贷款100万元，准备20年内于每年年末等额偿还，银行贷款利率为5%。请计算每年应归还多少元？

解：$A = P \times (A/P, i, n) = 100 \times [1/(P/A, 5\%, 20)] = 100 \times (1/12.4622)$
$\qquad = 8.0243$（元）

（三）预付年金终值和现值

1. 预付年金的定义

预付年金是指每期收入或支出相等金额的款项是发生在每期的期初，而不是期末，也称先付年金或即付年金。

实际上，n 期的预付年金与 n 期的普通年金，其收付款次数是一样的，只是收付款时点不一样。如果计算年金终值，预付年金要比普通年金多计一年的利息；如计算年金现值，则预付年金要比普通年金少折现一年，因此，在普通年金现值、终值的基础上，乘上 $(1+i)$ 便可计算出预付年金的现值与终值。

2. 预付年金的终值

预付年金终值的计算公式为

$$F = A \times \frac{(1+i)^n - 1}{i} \times (1+i) = A \times \left[\frac{(1+i)^{n+1} - 1}{i} - 1 \right]$$

式中，$\left[\dfrac{(1+i)^{n+1} - 1}{i} - 1 \right]$ 为"预付年金系数"，记作$[(F/A, i, i+1) - 1]$，可利用普通年金终值表查得 $(n+1)$ 期的终值，然后减去1，就可得到1元预付年金终值。

【例8-11】 将例8-7中收付款的时间改为每年年初，其余条件不变。请计算第五年年末的本利和。

解：$F = A \times [(F/A, i, n+1) - 1] = 10000 \times [(F/A, 5\%, 5+1) - 1] = 58019$（元）

与例8-7的普通年金终值相比，相差 $(58019 - 55256) = 2763$（元），该差额实际上就是

预付年金比普通年金多计一年利息而造成，即 $55256×5\% = 2762.80$（元）。

3. 预付年金的现值

预付年金现值的计算公式为

$$P = A×\frac{1-(1+i)^{-n}}{i}×(1+i) = A×\left[\frac{1-(1+i)^{-(n-1)}}{i}+1\right]$$

式中，$\left[\frac{1-(1+i)^{-(n-1)}}{i}+1\right]$ 称"预付年金现值系数"，记作 $[(P/A,i,n-1)+1]$，可利用普通年金现值表查得 $(n-1)$ 期的现值，然后加上1，就可得到1元预付年金现值。

【例 8-12】　将例 8-9 中收付款的时间改在每年年初，其余条件不变。请计算第一年年初应一次存入多少钱？

解：$P = A×[(P/A,i,n-1)+1] = 10000×[(P/A,5\%,5-1)+1] = 45460$（元）

与例 8-9 普通年金现值相比，相差 $45460-43295 = 2165$（元），该差额实际上是由于预付年金现值比普通年金现值少折现一期造成的，即 $43295×5\% = 2164.75$（元）。

（四）递延年金终值与现值

1. 递延年金的定义

若第一次收付不发生在第一期，而是隔了几期后才在以后的每期期末发生一系列的收支款项，这种年金形式就是递延年金，它是普通年金的特殊形式。因此，凡是不在第一期开始收付的年金，称为递延年金。

可知，递延年金的第一次年金收付没有发生在第一期，而是隔了 m 期（这 m 期就是递延期），在第 $m+1$ 期的期末才发生第一次收付，并且在以后的 n 期内，每期期末均发生等额的现金收支。与普通年金相比，尽管期限一样，都是 $(m+n)$ 期，但普通年金在 $(m+n)$ 期内，每个期末都要发生收支，而递延年金在 $(m+n)$ 期内，只在后 n 期发生收支，前 m 期无收支发生。

2. 递延年金的终值

递延年金终值的大小，与递延期无关，只与年金共支付了多少期有关，它的计算方法与普通年金相同：

$$F = A×(F/A,i,n)$$

3. 递延年金的现值

递延年金的现值可用三种方法来计算。

（1）把递延年金视为 n 期的普通年金，求出年金在递延期期末 m 点的现值，再将 m 点的现值调整到第一期期初。

$$P = A×(P/A,i,n)×(P/F,i,m)$$

（2）先假设递延期也发生收支，则变成一个 $(m+n)$ 期的普通年金，算出 $(m+n)$ 期的年金现值，再扣除并未发生年金收支的 m 期递延期的年金现值，即可求得递延年金现值。

$$P = A×(P/A,i,m+n)-(P/A,i,m)$$

（3）先算出递延年金的终值，再将终值折算到第一期期初，即可求得递延年金的现值。

$$P = A×(F/A,i,n)×(P/F,i,m+n)$$

【例 8-13】　某企业年初投资一项目，希望从第5年开始每年年末取得10万元收益，投资期限为10年，假定年利率5%。请计算该企业年初最多投资多少元才有利？

解:

方法一: $P = A \times (P/A, i, n) \times (P/F, i, m)$

$\qquad = 10 \times (P/A, 5\%, 6) \times (P/F, 5\%, 4)$

$\qquad = 10 \times 5.0757 \times 0.8227$

$\qquad = 41.76 (万元)$

方法二: $P = A \times (P/A, i, m+n) - (P/A, i, m)$

$\qquad = 10 \times (P/A, 5\%, 10) - (P/F, 5\%, 4)$

$\qquad = 10 \times (7.7217 - 3.5460)$

$\qquad = 41.76 (万元)$

方法三: $PA = A \times (F/A, i, n) \times (P/F, i, m+n)$

$\qquad = 10 \times (F/A, 5\%, 6) \times (P/F, 5\%, 10)$

$\qquad = 10 \times 6.8019 \times 0.6139$

$\qquad = 41.76 (万元)$

(五) 永续年金终值与现值

1. 永续年金的概念

永续年金是指无限期的收入或支出相等金额的年金,也称永久年金。它也是普通年金的一种特殊形式。

2. 永续年金的终值

由于永续年金的期限趋于无限,没有终止时间,因而没有终值。

3. 永续年金的现值

永续年金的现值计算公式为

$$P = \lim_{n \to \infty} \left[A \times \frac{1-(1+i)^{-n}}{i} \right] = \frac{A}{i}$$

【例 8-14】 某企业要建立一项永久性帮困基金,计划每年拿出 5 万元帮助失学儿童,年利率为 5%。请计算现应筹集多少资金?

解: $P = A/i = 5 \div 5\% = 100 (万元)$

第二节　能源工程经济评价方法

工程项目经济评价是对工程建设项目在建设和生产经营全过程中的经济活动的综合性分析与评价,即在做好市场预测及项目技术分析的基础上,计算项目方案投入的费用和产出的效益,通过多方案比较,对拟建设项目的经济合理性进行分析论证,做出全面的经济评价,为项目决策提供可靠依据。它是可行性研究的核心内容,往往对项目决策起关键性作用。

西方将经济评价分为财务评价、经济评价和社会评价。我国将经济评价分为财务评价和国民经济评价,前者在现行财税制度和价格条件下考虑项目的财务可行性,后者指从整体角度计算项目对国民经济的净效益,据以判别项目的经济合理性。

一、评价方法的基本原则

（1）经济效益原则：所设计的方法能够准确评价工程项目的产出效益（或费用、或收益期等）；

（2）可比性原则：所选的方法必须满足排他型项目或方案的共同的比较基础或前提；

（3）区别性原则：所选的方法能够建议和区别各项目的经济效益与费用的差异；

（4）操作性原则：所选的方法必须在数据选取、简单易行等方面具有可行性。

二、评价的主要指标

贴现指标也称为动态指标，即考虑资金时间价值因素的指标，主要包括净现值、净现值率、现值指数、内含报酬率等指标。

（一）净现值（NPV）

1. 净现值的定义

净现值是指在项目计算期内，按一定贴现率计算的各年现金净流量现值的代数和。所用的贴现率可以是企业的资本成本，也可以是企业所要求的最低报酬率水平。净现值的计算公式为

$$NPV = \sum_{t=0}^{n} NCF_t \times (P/A, i, t)$$

式中　n——项目计算期（包括建设期与经营期）；

　　　NCF_t——第 t 年的现金净流量；

　　　$(P/A, i, t)$——第 t 年、贴现率为 i 的复利现值系数。

2. NPV 指标的决策标准

如果投资方案的净现值大于或等于零，该方案为可行方案；如果投资方案的净现值小于零，该方案为不可行方案；如果几个方案的投资额相同，项目计算期相等且净现值均大于零，那么净现值最大的方案为最优方案。所以，净现值大于或等于零是项目可行的必要条件。

3. NPV 的计算

（1）经营期内各年现金净流量相等，建设期为零时。

净现值的计算公式为

净现值=经营期每年相等的现金净流量×年金现值系数-投资现值

【例8-15】　某企业购入设备一台，价值为30000元，按直线法计提折旧，使用寿命6年，期末无残值。预计投产后每年可获得利润4000元，假定贴现率为12%。请计算该项目的净现值。

解：$NCF_0 = -30000$（元）

$$NCF_{1-6} = 4000 + \frac{30000}{6} = 9000（元）$$

$$NPV = 9000 \times (P/A, 12\%, 6) - 30000 = 9000 \times 4.1114 - 30000$$
$$= 7002.6（元）$$

（2）经营期内各年现金净流量不相等。

净现值的计算公式为：

净现值 = ∑（经营期各年的现金净流量×各年的现值系数）- 投资现值

4. NPV 的优缺点

净现值是一个贴现的绝对值正指标。

（1）NPV 的优点：一是综合考虑了资金时间价值，能较合理地反映投资项目的真正经济价值；二是考虑了项目计算期的全部现金净流量，体现了流动性与收益性的统一；三是考虑了投资风险性，因为贴现率的大小与风险大小有关，风险越大，贴现率就越高。

（2）NPV 的缺点：无法直接反映投资项目的实际投资收益率水平；当各项目投资额不同时，难以确定最优的投资项目。

（二）内含报酬率（IRR）

1. 内含报酬率的定义

内含报酬率又称内部收益率，是指投资项目在项目计算期内各年现金净流量现值合计数等于零时的贴现率，亦可将其定义为能使投资项目的净现值等于零时的贴现率。显然，内含报酬率 IRR 满足下列等式：

$$\sum_{t=0}^{n} NCFt \times (P/F, IRR, t) = 0$$

从上式中可知，净现值的计算是根据给定的贴现率求净现值。而内含报酬率的计算是先令净现值等于零，然后求能使净现值等于零的贴现率。所以，净现值不能揭示各个方案本身可以达到的实际报酬率是多少，而内含报酬率实际上反映了项目本身的真实报酬率。

2. 决策原则

用内含报酬率评价项目可行的必要条件是：内含报酬率大于或等于贴现率。

3. IRR 的计算

（1）第一种情况。

第一种情况是经营期内各年现金净流量相等，且全部投资均于建设起点一次投入，建设期为零，即

0 = 经营期每年相等的现金净流量（NCF）×年金现值系数（P/A, IRR, t）- 投资总额

内含报酬率具体计算的程序如下：

① 计算年金现值系数（P/A, IRR, t）

$$年金现值系数 = \frac{投资总额}{经营期每年相等的现金净流量}$$

② 根据计算出来的年金现值系数与已知的年限 n，查年金现值系数表，确定内含报酬率的范围。

③ 用插入法求出内含报酬率。

【例 8-16】 接例 8-15 的资料。请计算内含报酬率。

解：$(P/A, IRR, 6) = \frac{30000}{9000} = 3.3333$

查表可知

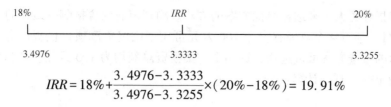

$$IRR = 18\% + \frac{3.4976 - 3.3333}{3.4976 - 3.3255} \times (20\% - 18\%) = 19.91\%$$

（2）第二种情况。

第二种情况是经营期内各年现金净流量不相等。

若投资项目在经营期内各年现金净流量不相等；或建设期不为零，投资额是在建设期内分次投入的情况下，无法应用上述的简便方法，必须按定义采用逐次测试的方法，计算能使净现值等于零的贴现率，即内含报酬率。计算步骤如下：

① 估计一个贴现率，用它来计算净现值。如果净现值为正数，说明方案的实际内含报酬率大于预计的贴现率，应提高贴现率再进一步测试；如果净现值为负数，说明方案本身的报酬率小于估计的贴现率，应降低贴现率再进行测算。如此反复测试，寻找出使净现值由正到负或由负到正且接近零的两个贴现率。

② 根据上述相邻的两个贴现率用插入法求出该方案的内含报酬率。由于逐步测试法是一种近似方法，因此相邻的两个贴现率不能相差太大，否则误差会很大。

4. 贴现评价指标之间的关系

净现值 NPV，净现值率 $NPVR$，现值指数 PI 和内含报酬率 IRR 指标之间存在以下数量关系，即

$$\begin{cases} NPV > 0 \text{ 时}, NPVR > 0, PI > 1, IRR > i \\ NPV = 0 \text{ 时}, NPVR = 0, PI = 1, IRR = i \\ NPV < 0 \text{ 时}, NPVR < 0, PI < 1, IRR < i \end{cases}$$

这些指标的计算结果都受到建设期和经营期的长短、投资金额与方式，以及各年现金净流量的影响。所不同的是净现值 NPV 为绝对数指标，其余为相对数指标，计算净现值、净现值率和现值指数所依据的贴现率（i）都是事先已知的，而内含报酬率（IRR）的计算本身与贴现率（i）的高低无关，只是采用这一指标的决策标准是将所测算的内含报酬率与其贴现率进行对比，当 $IRR \geq i$ 时该方案是可行的。

三、互斥方案经济效益的评价方法

项目投资决策中的互斥方案（相互排斥方案）是指在决策时涉及的多个相互排斥、不能同时实施的投资方案。互斥方案决策过程就是在每一个入选方案已具备项目可行性的前提下，利用具体决策方法比较各个方案的优劣，利用评价指标从各个备选方案中最终选出一个最优方案的过程。

由于各个备选方案的投资额、项目计算期不相一致，因而要根据各个方案的使用期、投资额相等与否，采用不同的方法做出选择。

（一）互斥方案的投资额、项目计算期均相等时的计算方法

此时，可采用净现值法或内含报酬率法进行计算。所谓净现值法，是指通过比较互斥方案的净现值指标的大小来选择最优方案的方法。所谓内含报酬率法，是指通过比较互斥方案

的内含报酬率指标的大小来选择最优方案的方法。净现值或内含报酬率最大的方案为优。

【例 8-17】 某石化企业现有资金 100 万元可用于固定资产项目投资,有 A、B、C、D 四个互相排斥的备选方案可供选择,这四个方案投资总额均为 100 万元,项目计算期都为 6 年,贴现率为 10%,现经计算:

$$NPVA = 8.1253(万元) \quad IRRA = 13.3\%$$
$$NPVB = 12.25(万元) \quad IRRB = 16.87\%$$
$$NPVC = -2.12(万元) \quad IRRC = 8.96\%$$
$$NPVD = 10.36(万元) \quad IRRD = 15.02\%$$

请计算决策哪一个投资方案为最优?

解:因为 C 方案净现值为 -2.12 万元,小于零,内含报酬率为 8.96%,小于贴现率,不符合财务可行的必要条件,应舍去。

又因为 A、B、D 三个备选方案的净现值均大于零,且内含报酬平均大于贴现率。

所以 A、B、D 三个方案均符合财务可行的必要条件,且

$$NPVB > NPVD > NPVA$$

12.25 万元 > 10.36 万元 > 8.1253 万元

$$IRRB > IRRD > IRRA$$

16.87% > 15.02% > 13.30%

所以 B 方案最优,D 方案为其次,最差为 A 方案,应采用 B 方案。

(二) 互斥方案的投资额不相等,但项目计算期相等的计算方法

此时,可采用差额法进行加计算。

1. 差额法的定义

所谓差额法,是指在两个投资总额不同方案的差量现金净流量(记作 ΔNCF)的基础上,计算出差额净现值(记作 ΔNPV)或差额内含报酬率(记作 ΔIRR),并据以判断方案孰优孰劣的方法。

2. 差额法的评价基准

在此方法下,一般以投资额大的方案减投资额小的方案,当 $\Delta NPV \geqslant 0$ 或 $\Delta IRR \geqslant i$ 时,投资额大的方案较优;反之,则投资额小的方案为优。

差额净现值 ΔNPV 或差额内含报酬率 ΔIRR 的计算过程和计算技巧与净现值 NPV 或内含报酬率 IRR 完全一样,只是所依据的是 ΔNCF。

【例 8-18】 某石化企业有甲、乙两个投资方案可供选择,甲方案的投资额为 100000 元,每年现金净流量均为 30000 元,可使用 5 年;乙方案的投资额为 70000 元,每年现金净流量分别为 10000 元、15000 元、20000 元、25000 元、30000 元,使用年限也为 5 年。甲、乙两方案建设期均为零年,如果贴现率为 10%,请对甲、乙方案做出选择。

解:因为两方案的项目计算期相同,但投资额不相等,所以可采用差额法来评判。

$$\Delta NCF_0 = -100000 - (-70000) = -30000(元)$$
$$\Delta NCF_1 = 30000 - 10000 = 20000(元)$$
$$\Delta NCF_2 = 30000 - 15000 = 15000(元)$$
$$\Delta NCF_3 = 30000 - 20000 = 10000(元)$$

$$\Delta NCF_4 = 30000 - 25000 = 5000(元)$$

$$\Delta NCF_5 = 30000 - 30000 = 0(元)$$

$$\begin{aligned}
\Delta NPV 甲-乙 &= 20000 \times (P/A, 10\%, 1) + 15000 \times (P/A, 10\%, 2) + 10000 \times \\
&\quad (P/F, 10\%, 3) + 5000 \times (P/F, 10\%, 4) - 30000 \\
&= 20000 \times 0.9091 + 15000 \times 0.8264 + 10000 \times 0.7513 + 5000 \times 0.6830 - 30000 \\
&= 11506(元) > 0
\end{aligned}$$

用 $i = 28\%$ 测算 ΔNPV:

$$\begin{aligned}
\Delta NPV &= 20000 \times (P/F, 28\%, 1) + 15000 \times (P/A, 28\%, 2) + 10000 \times \\
&\quad (P/F, 28\%, 3) + 5000 \times 5000 \times (P/A, 28\%, 4) - 30000 \\
&= 20000 \times 0.7813 + 15000 \times 0.6104 + 10000 \times 0.4768 + 5000 \times \\
&\quad 0.3725 - 30000 \\
&= 1412.5(元) > 0
\end{aligned}$$

再用 $i = 32\%$ 测算 ΔNPV:

$$\begin{aligned}
NPV &= 20000 \times (P/A, 32\%, 1) + 15000 \times (P/A, 32\%, 2) + (P/F, 32\%, 3) + 5000 \times (P/F, 32\%, \\
&\quad 4) - 30000 \\
&= 20000 \times 0.7576 + 15000 \times 0.5739 + 10000 \times 0.4348 + 5000 \times 0.3294 - 30000 \\
&= -244.5 < 0
\end{aligned}$$

用插入法计算 ΔIRR:

$$\begin{aligned}
\Delta IRR &= 28\% + \frac{1414.5 - 0}{1412.5 - (-244.5)} \times (32\% - 28\%) \\
&= 31.41\% > 贴现率 10\%
\end{aligned}$$

$$\Delta NPV = 1412.5 \quad \Delta NPV = 0 \quad \Delta NPV = -244.5$$

计算表明，差额净现值为 11506 元，大于零，差额内含报酬率为 31.41%，大于贴现率 10%，应选择甲方案。

（三）互斥方案的投资额不相等，项目计算期也不相同时的计算方法

此时，可采用年回收额法进行计算。

所谓年回收额法，是指通过比较所有投资方案的年等额净现值指标的大小来选择最优方案的决策方法。在此法下，年等额净现值最大的方案为优。

年回收额法的计算步骤如下：

（1）计算各方案的净现值 NPV;

（2）计算各方案的年等额净现值，若贴现率为 i，项目计算期为 n，则

$$年等额净现值 A = \frac{净现值}{年金现值系数} = \frac{NPV}{(P/A, i, n)}$$

【例 8-19】　某石化企业有两项投资方案，其现金净流量见表 8-1。

项目计算期	甲方案		乙方案	
	净收益	现金净流量	净收益	现金净流量
0		（200000）		（120000）
1	20000	120000	16000	56000
2	32000	132000	16000	56000
3			16000	56000

如果该企业期望达到最低报酬率为 12%，请做出决策。

解：（1）计算甲、乙方案的 NPV。

$$NPV_甲 = 120000×(P/A,12\%,1)+132000×(P/A,12\%,2)-200000$$
$$= 120000×0.8929+132000×0.7972-200000$$
$$= 12378.4(元)$$
$$NPV_乙 = 56000×(P/A,12\%,3)-120000$$
$$= 56000××2.4018-120000$$
$$= 14500.8(元)$$

（2）计算甲、乙方案的年等额净现值。

$$甲方案年等额净现值 = \frac{12378.4}{(P/A,12\%,2)} = \frac{12378.4}{1.6901} = 7324.06(元)$$
$$乙方案年等额净现值 = \frac{14500.8}{(P/A,12\%,3)} = \frac{14500.8}{2.4018} = 6037.47(元)$$

（3）做出决策

因为甲方案年等额净现值>乙方案年等额净现值，即

$$7324.06>6037.47$$

所以应选择甲方案。

根据上述计算结果可知，乙方案的净现值大于甲方案的净现值，但乙方案的项目计算期为 3 年，而甲方案仅为 2 年，所以，乙方案的净现值高并不能说明该方案优。因此需通过年回收额法计算年等额净现值得出此结论，甲方案的年等额净现值高于乙方案，即甲方案为最优方案。

四、非互斥方案经济效益的评价方法

在实际工作中，有些投资方案不能单独计算盈亏，或者投资方案的收入相同或收入基本相同且难以具体计量，一般可考虑采用"成本现值比较法"或"年成本比较法"来进行比较和评价。所谓成本现值比较法是指计算各个方案的成本现值之和并进行对比，成本现值之和最低的方案是最优的。成本现值比较法一般适用于项目计算期相同的投资方案间的对比、选优。对于项目计算期不同的方案就不能用成本现值比较法进行评价，而应采用年成本比较法，即比较年平均成本现值对投资方案做出选择。

【例 8-20】　某石化企业有甲、乙两个投资方案可供选择，两个方案的设备生产能力相同，设备的寿命期均为 4 年，无建设期。甲方案的投资额为 64000 元，每年的经营成本分别为 4000 元、4400 元、4600 元、4800 元，寿命终期有 6400 元的净残值；乙方案投资额为

60000 元，每年的经营成本均为 6000 元，寿命终期有 6000 元净残值。如果企业的贴现率为 8%，试比较两个方案的优劣。

解：因为甲、乙两方案的收入不知道，无法计算 NPV，且项目计算期相同，均为 4 年，所以应采用成本现值比较法。

甲方案的投资成本现值

$= 64000 + 4000 \times (P/F, 8\%, 1) + 4400 \times (P/F, 8\%, 2) + 4600 \times (P/F, 8\%, 3) + 4800$
$\quad \times (P/F, 8\%, 4) - 6400 \times (P/F, 8\%, 4)$

$= 64000 + 4000 \times 0.9259 + 4400 \times 0.8537 + 4600 \times 0.7938 + 4800 \times 0.7350 - 6400 \times 0.7350$

$= 73951.20(元)$

乙方案的投资成本现值

$= 60000 + 6000 \times (P/A, 8\%, 4) - 6000 \times (P/F, 8\%, 4)$

$= 60000 + 6000 \times 3.3121 - 6000 \times 0.7350$

$= 75462.60(元)$

根据以上计算结果表明，甲方案的投资成本现值较低，所以甲方案优于乙方案。

【例 8-21】　根据例 8-20 所给的资料，假设甲、乙投资方案寿命期分别为 4 年和 5 年，建设期仍为零，其余资料不变。如果企业的贴现率仍为 8%，应选择哪个方案？

解：因为甲、乙两个方案的项目计算期不相同：

甲方案项目计算期 $= 0 + 4 = 4(年)$

乙方案项目计算期 $= 0 + 5 = 5(年)$

所以不能采用成本现值比较法，而应采用年成本比较法。计算步骤如下：

（1）计算甲、乙方案的成本现值。

甲方案成本现值 $= 73951.20(元)$　　　　（同例 8-20 一致）

乙方案成本现值 $= 60000 + 6000 \times (P/A, 8\%, 5) - 6000 \times (P/A, 8\%, 5)$

$\qquad\qquad = 60000 + 6000 \times 3.9927 - 6000 \times 0.6806$

$\qquad\qquad = 79872.60(元)$

（2）计算甲、乙方案的年均成本。

$$甲方案的年均成本 = \frac{73951.20}{(P/A, 8\%, 4)} = \frac{73951.20}{3.3121} = 22327.59(元)$$

$$乙方案的年均成本 = \frac{79872.60}{(P/A, 8\%, 5)} = \frac{79872.60}{3.9927} = 20004.66(元)$$

以上计算结果表明，乙方案的年均成本低于甲方案的年均成本，因此应采用乙方案。

第三节　不确定性分析

一、盈亏平衡分析

盈亏平衡分析是通过盈亏平衡点（BEP）分析项目成本与收益的平衡关系的一种方法。各种不确定因素（如投资、成本、销售量、产品价格、项目寿命期等）的变化会影响投资方案的经济效果，当这些因素的变化达到某一临界值时，就会影响方案的取舍。盈亏平衡分析的目的就是找出这种临界值，即盈亏平衡点（BEP），判断投资方案对不确定因素变化的承受能力，为决策提供依据。

盈亏平衡分析的基本原理如下：

设：Q_0——年设计生产能力；Q——年产量或销量；P——单位产品售价；F——年固定成本；V——单位变动成本；t——单位产品销售税金

可建立以下方程：

总收入方程：$TR = P \cdot Q$

总成本支出方程：$TC = F + V \cdot Q + t \cdot Q$

故，利润方程为：$B = TR - TC = (P - V - t) \cdot Q - F$

令 $B = 0$，解出的 Q 即为 $BEP(Q)$。

$$BEP(Q) = \frac{F}{P - V - t}$$

进而解出生产能力利用率的盈亏平衡点 $BEP(f)$：

$$BEP(f) = BEP(Q)/Q_0 \times 100\%$$

经营安全率：$BEP(S) = 1 - BEP(Q)$

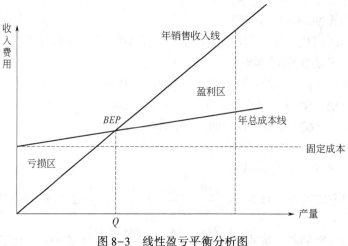

图 8-3　线性盈亏平衡分析图

盈亏平衡分析可以对项目的风险情况及项目对各个因素不确定性的承受能力进行科学判断，为投资决策提供依据。传统盈亏平衡分析以盈利为零作为盈亏平衡点，没有考虑资金的时间价值，是一种静态分析，盈利为零的盈亏平衡实际上意味着项目已经损失了基准收益水平的收益，项目存在着潜在的亏损。

二、敏感性分析

（一）敏感性分析的定义

敏感性分析是投资项目经济评估中常用的分析不确定性的方法之一。从多个不确定性因素中逐一找出对投资项目经济效益指标有重要影响的敏感性因素，并分析、测算其对项目经济效益指标的影响程度和敏感性程度，进而判断项目承受风险的能力。敏感性因素一般可选择主要参数（如销售收入、经营成本、生产能力、初始投资、寿命期、建设期、达产期等）进行分析。若某参数的小幅度变化能导致经济效果指标的较大变化，则称此参数为敏感性因素，反之则称其为非敏感性因素。

一般地，利润的敏感性分析是指专门研究制约利润的有关因素在特定条件下发生变化时对利润所产生影响的一种敏感性的分析方法。进行利润敏感性分析的主要目的是计算有关因素的利润灵敏度指标，揭示利润与有关因素之间的相对关系，并利用灵敏度指标进行利润预测。

利润灵敏度指标的计算公式为：

任意第 I 个因素的利润灵敏度指标＝该因素的中间变量基数÷利润基数×100%

需要注意的是，单价的中间变量是销售收入，单位变动成本的中间变量是变动成本总额，销售量的中间变量是贡献边际，固定成本的中间变量就是固定成本本身。

（二）敏感性分析的计算步骤

假设某一不确定性因素变化时，其他因素不变，即各因素之间是相互独立的。下面通过例题来说明单因素敏感性分析的具体操作步骤：

（1）确定研究对象（选最有代表性的经济效果评价指标，如 IRR、NPV）。

（2）选取不确定性因素（关键因素，如 R、C、K、n）。

（3）设定因素的变动范围和变动幅度（如 $-20\% \sim +20\%$，10%变动）。

（4）计算某个因素变动时对经济效果评价指标的影响：

敏感度系数的计算公式为

$$\beta = \Delta A / \Delta F$$

式中 β——评价指标 A 对于不确定因素 F 的敏感度系数；

ΔA——不确定因素 F 发生 ΔF 变化率时，评价指标 A 的相应变化率，%；

ΔF——不确定因素 F 的变化率，%。

（5）绘制敏感性分析图，进行分析。

（6）对敏感性分析结果进行分析。

【例8-22】 G公司有一投资项目，其基本数据见表8-2。假定投资额、年收入、折现率为主要的敏感性因素。试对该投资项目净现值指标进行单因素敏感性分析。

表8-2 敏感性分析基础数据

项目	投资额	寿命期	年收入	年费用	残值	折现率
数据	100000元	5年	60000元	20000元	10000元	10%

解：（1）敏感性因素与分析指标已经给定，选取±5%，±10%作为不确定因素的变化程度。

（2）计算敏感性指标。首先计算决策基本方案的 NPV，然后计算不同变化率下的 NPV。

$NPV = -100000 + (60000 - 20000) \times (P/A, 10\%, 5) + 10000 \times (P/F, 10\%, 5) = 57840.68（元）$

不确定因素变化后的取值及 NPV 的值分别见表8-3和表8-4。

表 8-3　不确定因素变化后的取值

变化率	投资额（元）	年收入（元）	折现率
−10%	90000	54000	9%
−5%	95000	57000	9.5%
0	100000	60000	10%
5%	105000	63000	10.5%
10%	110000	66000	11%

表 8-4　不确定因素变化后 NPV 的值

变化率	−10%	−5%	0	+5%	+10%
投资额（元）	67840.68	62840.68	57840.68	52840.68	47840.68
年收入（元）	35095.96	46468.32	57840.68	69213.04	80585.40
折现	62085.36	59940.63	57840.68	55784.33	53770.39

当投资额的变化率为−10%时，

$$\Delta A = \frac{67840.68-57840.68}{57840.68} = 17.3\%$$

$$E = \frac{\Delta A}{\Delta F} = \frac{17.3\%}{-10\%} = -1.73$$

其余情况计算方法类似。

（3）计算临界值。

投资临界值：设投资额的临界值为 I，则

$$NPV = -I+(60000-20000)\times(P/A,10\%,5)+10000\times(P/F,10\%,5\%) = 0$$

得 $I=157840$

收入临界值：设年收入的临界值为 R，则

$$NPV = -100000+(R-20000)\times(P/A,10\%,5)+10000\times(P/F,10\%,5\%) = 0$$

得 $R=44741.773$

折现率临界值：设折现率的临界值为 i，则

$$NPV = -100000+(60000-20000)\times(P/A,i,5)+10000\times(P/F,i,5\%) = 0$$

得 $i=30.058\%$

实际上，i 的临界值就是该项目的内部收益率。

（4）绘制敏感性分析表。

敏感性分析表见表 8-5。

表 8-5　敏感性分析表

序号	不确定性因素	变化率	净现值（元）	敏感系数	临界值	临界百分率
	基本方案		57840.68			
1	投资额	−10%	67840.68	−1.729	157840	57.84%
		−5%	62840.68	−1.729		
		+5%	52840.68	−1.729		
		+10%	47840.68	−1.729		

续表

序号	不确定性因素	变化率	净现值（元）	敏感系数	临界值	临界百分率
2	年收入	−10%	35095.96	3.932	44741.773	−25.43%
		−5%	46468.32	3.932		
		+5%	69213.04	3.932		
		+10%	80585.40	3.932		
3	折现率	−10%	62085.36	−0.734	30.058%	300.58%
		−5%	59940.63	−0.726		
		+5%	55784.33	−0.711		
		+10%	53770.39	−0.704		

（5）绘制敏感性分析图。图 8-4 所示为敏感性分析图，图中与横坐标相交角度最大的曲线对应的因素就是最敏感的因素。

此外还可以在图中做出分析指标的临界曲线。对于净现值指标而言，横坐标为临界曲线（$NPV=0$）；对于内部收益率指标而言，以基本方案的内部收益率为 Y 值做出的水平线为基准收益率曲线（临界曲线）。各因素的变化曲线与临界曲线的交点就是其临界变化百分率。

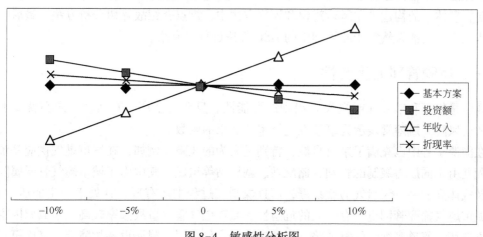

图 8-4 敏感性分析图

（6）分析评价。从敏感性分析表和敏感性分析图可以看出，净现值指标对年收入的变化最敏感。

敏感性分析让人们能知道"主要矛盾"。

但是，敏感性分析也有其局限性。在敏感性分析中，分析某一因素的变化时，假定其他因素不变，而实际经济活动中各因素之间是相互影响的。

思考题

1. 年金有哪几种？投资项目回收基金如何计算？
2. 能源工程项目财务评价中 NPV 和 IRR 指标的含义是什么？
3. 能源工程项目预算中经营活动现金流量如何估计？
4. 简述能源工程项目预算中，互斥项目决策的方法。
5. 简述能源工程项目经济评价中的不确定性分析方法。

第九章

能源工程风险管理

第一节　能源风险管理概述

能源工程的建设和能源生产过程中，存在众多安全风险。对这些风险进行系统的辨识和管理，是能源工程安全管理的重要部分。本章首先介绍风险管理的基本概念，在此基础上介绍风险管理体系的构建。在风险辨识和评价方法中，重点介绍故障树分析方法。最后，对能源工程尤其是石油天然气能源管理中的 HSE 方法进行了介绍。

一、风险管理的重要性

风险是指不利结果（或损失）出现的可能性。只要有生产、有活动，人类就要承受引发事故的风险。风险常表示为事故发生概率和后果的函数。

在能源工程中也充满了来自自然，特别是人为的风险。例如，在城市燃气供应系统中燃气输配是由不同压力级制的管网、储配站、调压站等组成。其中由于城市燃气管网属隐蔽工程以及载体介质——天然气易燃易爆，而且煤制气过程中还有毒，并处于一定的压力状态，因此城市燃气输配管网更具有较大的危险性。城市燃气管网事故频率较高，事故原因主要有第三方破坏、管道腐蚀、管材缺陷、焊缝缺陷、操作失误、附属设备故障等，其中第三方破坏是主要原因，如机械施工、碰撞等外部事故，且造成事故最严重。引起第三方破坏的事故原因中人为因素是主要原因。

风险和危险是不同的两个概念。"危险"是事物客观的属性，而风险则不仅意味着"危险"的存在，而且还意味着存在"危险"导致事故发生的渠道和可能性。危险是风险的一种前提表征。一般将"危险及其成为危险原因的要素"称为"危险"，由此而产生的针对人的生命或身体、财产以及活动"所发生的危险概率"称为风险。

例如，城市居民要使用燃气，当燃气必须通过管道输送时，埋地钢管就会受到腐蚀的危险，这种危险是客观固有的，但在实践中，人们采取各种有效措施尽量杜绝发生腐蚀的渠道，从而降低由腐蚀导致燃气管道泄漏事故发生的可能性。也就是说危险很大，但风险可能很小。该例中，如果应该采取的防腐措施没有到位，则将成为管道腐蚀泄漏的危险原因要素之一，即"防腐措施没有到位"也属于"危险"。

能源工程包括生产、运输、储存、应用等环节，各环节均存在一定的风险，为了构建持续、稳定、安全的能源供应系统，风险管理对于能源工程是非常重要的。

首先，进行能源工程的风险管理有利于提高管理者的决策水平。例如，城市燃气供应工程的特点是点多、面广、线长且大多埋于地下，容易受到各种内外因素的影响，且管道的日常检测困难。对城市燃气经营企业而言，最棘手的问题不是在事故后如何采取补救措施，而是不知道何时、何地会发生下一个事故，以及下一个事故后果的严重程度。虽然下一个事故是无法预测的，但对城市燃气供应系统风险进行评价后，采取必要的措施减少一定时期内事故发生的频率和严重性却是可以做到的，它可以帮助决策层进行技术决策，改变过去以检漏、抢修为主要手段的被动局面，转而实行以预防为主，主动建立"跟踪检测→风险评价→计划性修复"的城市燃气供应系统综合管理体系，从而避免了"平均花钱，不见效益"的盲目性。因此，在城市燃气供应系统的整个生命周期，特别是在运作阶段，对其进行风险管理至关重要。

其次，可以优化风险成本，能源工程风险的降低总是以成本增加为代价的，但成本投入的增长与风险的降低并非存在正比关系，两者的关系如图9-1所示。由图9-1可见，在第一区增加投资可以明显地降低风险，第二区是一个转变区，而在第三区中，非常大的投入仅换回极小的风险降低率。如果把能源工程的安全维护成本与能源工程的事故成本曲线放在同一坐标系中考虑，则可得到能源工程总成本与风险的关系曲线，并可由此得到最佳风险控制值，如图9-2所示。

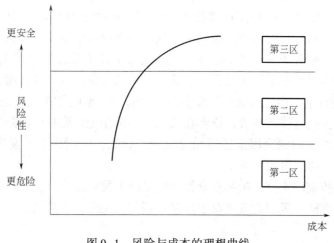

图 9-1　风险与成本的理想曲线

同时，还可以减少突发性灾难事故的发生并发现能源工程中的薄弱环节，集中整治预防。

二、风险管理与安全管理

风险管理是通过危险辨识、风险评价和处理，以最小的成本将风险导致的各种不利后果减少到最低程度的科学管理方法。

风险管理的实质是以最经济合理的方式消除风险导致的各种灾害后果，它包括危险辨识、风险评价、风险处理等一整套系统而科学的管理方法，即运用系统论的观点和方法去研究风险与环境之间的关系，运用安全系统工程的理论和分析方法去辨识、评价风险，然后根

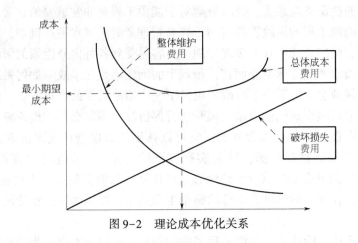

图 9-2　理论成本优化关系

据成本效益分析，针对用人单位所存在的风险做出客观而科学的决策，以确定处理风险的最佳方案。

安全管理强调减少事故，甚至消除事故，是将安全生产与人机工程相结合，给劳动者以最佳的工作环境。而风险管理的内容较安全管理广泛，不仅包括预测和预防事故、灾害的发生，人机系统的管理等安全管理内容，而且还延伸到了保险、投资，甚至政治风险等领域。风险管理的主要特点表现在以下两个方面：

（1）系统安全的观点。随着生产规模的扩大和生产技术的日趋复杂化，系统往往由许多子系统构成，如城市燃气管网由原来的中、低压两级制系统发展到现在的高、中、低压三级制系统。不仅要研究各子系统的安全性，也不能忽略各子系统的"接点"（如调压站等）安全性，风险评价是以整个系统为目标。要从全局观点出发，寻求最佳而有效的防灾途径。

（2）事故预测技术。传统的安全管理多为事后管理，也就是在发生的事故中吸取教训，这当然是必要的，但是有许多事故代价实在太大，必须预先采取相应的防范措施。风险管理的目的在于对可能发生的危险因素进行预先发现、识别，以便在事故发生之前采取措施消除、控制这些因素，防止事故的发生。

风险管理是从传统的安全分析和安全管理的基础上发展起来的，因此，传统安全管理的宝贵经验和从过去事故中吸取的教训对于风险管理依然是十分重要的。

第二节　风险管理体系的构建

一、风险管理体系概述

根据风险管理的目的，风险管理体系由风险评估和风险控制两部分构成，而风险评估和风险控制又包含风险分析、风险评价和决策、实施、检测等内容，如图 9-3 所示。

二、风险评估

风险评估包括风险分析和风险评价。所谓风险分析就是在特定系统中，进行危险辨识、

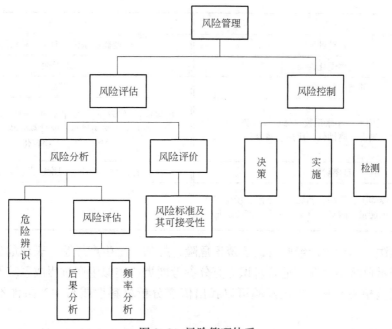

图 9-3　风险管理体系

频率分析、后果分析的全部过程。危险辨识目的在于确定危险源并定义其特征；频率分析目的在于分析待定危险源造成事故发生的频率和概率；后果分析目的在于分析待定危险源在环境因素下可能导致的各种事故及其可能造成的损失。

（一）风险分析

风险分析包含危险辨识和风险估计两部分。

风险分析目的之一是辨识危险或识别风险。由于隐患是成为风险的前提条件，所以辨识危险首先要查出在生产运行中的各种隐患，并估计其发生的可能性和导致的后果，将其登记在册作为对风险进行管理的主要依据。

1. 危险辨识

危险是指材料、系统、过程或设备可能造成的人身伤害、财产损失或环境破坏的物理或化学特性。危险辨识有两个关键任务：一是辨识可能发生的、特定的不期望的后果；二是识别出能导致这些后果的材料、系统、过程和设备的特性。

常用的危险辨识方法有：分析材料性质和生产条件分析方法、经验分析法、相互作用矩阵分析法、重大危险源辨识方法、风险评价方法。

分析材料性质和生产条件分析方法见表 9-1。了解生产或使用的材料性质是危害辨识的基础，危害辨识中常用的材料性质有：毒性、物理化学性质、燃烧及爆炸特性等。生产条件也会产生危险或使生产过程中材料的危险性加剧。

表 9-1　分析材料性质和生产条件分析方法

性质	性质
急毒性：吸入、口入、皮入	慢毒性：吸入、口入、皮入
致癌性	诱变性

性质	性质
致畸性	暴露极限值：TLV（阈限值）
生物退化性	水毒性
环境中的持续性	气味阈值
物理性质：凝固点、膨胀系数、沸点、溶解性、蒸气性、密度、腐蚀性、比热、热容量	反应性：过程材料、要求反应、副反应、分解反应、动力学、结构材料、原材料纯度、污染物、分解产物、不相容化学品
自燃材料	稳定性：撞击、温度、光、聚合反应
燃烧、爆炸性：爆炸上、下限，燃烧上、下限，粉尘爆炸系数，最小点火能量，闪点，自点火温度，产生能量	

经验分析法：总结生产经验有助于辨识危险，好的安全生产经验只表现危险得到了有效控制，并不表示危险不存在。危险辨识应充分参考同类或类似生产过程或系统发生事故的情况，总结和借鉴相关的安全生产经验可以找出依靠分析材料性质与生产条件不容易辨识的危险。

相互作用矩阵分析法：相互作用矩阵是一种结构性的危险辨识方法，是辨识各种因素（包括材料、生产条件、能量源等）之间相互影响或反应的简便工具，如图9-4所示。

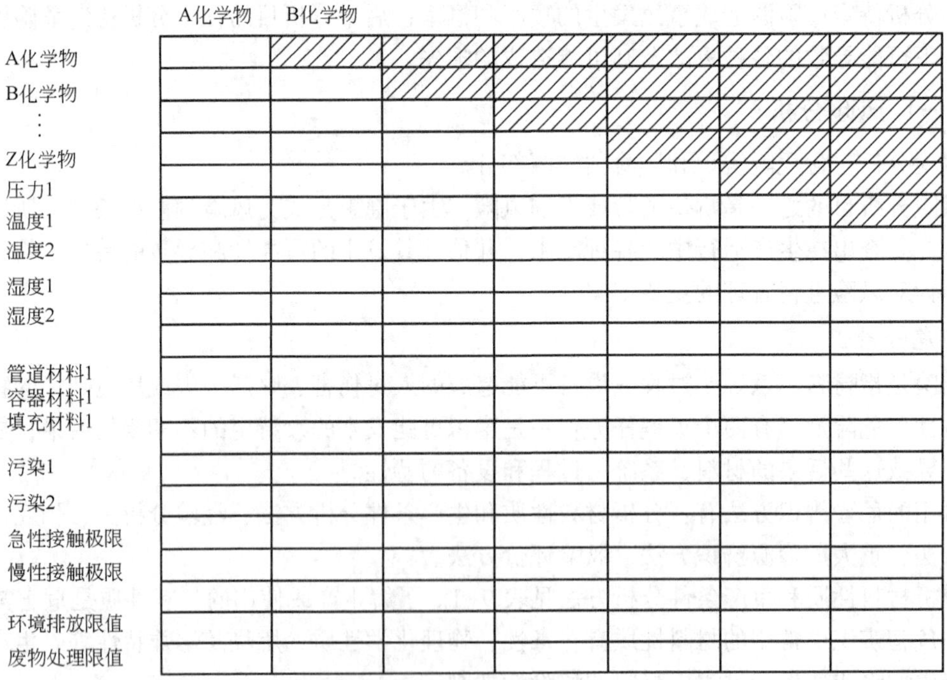

图9-4 相互作用矩阵分析法示意图

重大危险源辨识方法：重大工业事故根源是储存设施或使用过程中存在有易燃、易爆或有毒物质，造成重大工业事故的可能性既与化学品的固有性质有关，又与设施中实有危险物质的数量有关。防止重大工业事故的第一步是辨识高危险性工业设施（危险源），见表9-2。

表 9-2 重大危险源分类图

等级	物质名称	数量（t）
一般易燃物质	易燃气体	200
	高易燃液体	50000
特种易燃物质	氢	50
	环氧乙烷	50
特种炸药	硝酸铵	2500
	硝酸甘油	10
	三硝基甲苯	50

风险评价方法：很多风险评价方法可用于危险辨识，如安全检查表分析、"如果……怎么办"分析、危险可操作性分析、预先危险分析、故障树（事故树）分析、事件树分析等。

2. 风险估计。

进行风险估计的目的是分析危险导致事故的可能性（概率）和事故后果。进行风险分析需要获得关于事故发生的频率或概率分布信息。获得概率的信息一般有两种途径：一是根据大量的试验进行统计计算；二是根据概率的古典定义，用分析的方法进行计算。由于上述两种估计是以客观存在的数据为基础，故称为概率的客观估计。按这种方法得到的概率称为客观概率。

在实际能源工程中，往往不能获得充分的信息计算事故发生的客观概率，比如对一段运行多年的高压天然气管道进行事故发生概率的分析，不但需要收集大量信息，通常还需要进行大量的试验，目前许多情况下是难以做到的。特别是有些风险事件目前尚未发生，事前很难对其做出准确事故发生概率分析，但在风险决策分析中，又必须对事件出现的概率进行估计。此时，只好由决策者或分析人员对事件发生的概率做出主观估计。这种既没有大量的历史数据作依据，又未通过试验或精确计算，主要靠个人主观判断获得的概率称为主观概率。

一般情况下，主观概率的定义可以描述为：根据对某事件是否发生及该事件发生可能性大小的个人主观判断。用一个 0~1 之间的数来描述事件发生的可能性，此数值即为主观概率。

应当指出的是，主观估计虽然是一种个人的主观判断，但它并不是随心所欲毫无任何依据的瞎猜，而是估计者根据当时所获得的其他相关信息、类似的经验数据及个人的合理判断与理性分析得到的结果。因此可以认为，主观概率是客观概率的近似值。主观概率在风险估计中的应用近年来已日益受到人们的关注和重视，应用也越来越广。

主观估计是用较少信息量做出估计的一种方法，它常表现为分析者个人对风险发生的概率做出迅速的直接判断。对于不能通过试验或没有足够历史数据来估计风险的情况，直接判断是一种有效且可行的方法。分析人员进行主观判断时，他实际上是在运用自己长期积累的经验和相关知识，并将其转化为一种估计风险状态概率的有用信息。这些信息虽然不是一种可用于客观估计的直接信息，即属于隐性信息。但是用作主观估计以获得主观概率，这种信息是非常重要的。虽然主观估计有时存在一定偏差甚至是较大的偏差，主观概率在风险决策分析中多采用累积概率法、专家咨询法、社会调查法等多种方法进行。

对风险事件发生概率的估计还有第三种方法，称为行为估计。它不是直接由大量试验或计算分析得出概率，也不是完全由决策者和分析人员主观判断得到的，而是主观估计与客观估计相互结合产生的新方法。这种由合成而得的第三种估计概率称为"合成概率"。

例如，燃气供应系统事故统计与分析等方面的工作，目前各燃气运营公司已经非常重视。但是城市燃气供配系统中各类危险因素所导致事故发生的统计资料尚且太少，不足以计算事故发生的客观概率，况且有些事故发生非常少，客观概率更加难以计算。因此，在风险分析中概率的主观估计方法仍将起着重要的作用。

（二）风险评价

风险评价是指在危险辨识的基础上，通过对所收集的大量的详细资料加以分析，估计和预测风险发生的可能性或概率（频率）及损失严重程度，并根据国家规定的安全指标或公认的安全指标，衡量风险的水平，以便确定风险是否需要处理和处理的程度。

能源工程的风险等级根据评价方法的不同，可以分为风险绝对等级和风险相对等级。风险绝对等级是按照一定标准划分的风险等级，使得可以在不同种类能源工程间进行风险大小的对比；风险相对等级，表示同一类能源工程不同环节间相对风险的大小。无论是风险绝对等级，还是风险相对等级，都需要大量评价资料的统计分析，才能客观地进行等级划分。

风险程度可以分为高风险、中风险和低风险。对于低风险可以按程序进行管理；中风险需要坚决采取管理；而高风险是不能够容忍的，必须采取措施以降低风险程度。但是在确定风险程度的范围时，首先需要确认风险可以接受水平。

1. 风险可接受水平

在风险分析的基础上，需要根据相应的风险标准，判断评价对象的风险是否可被接受，是否需要采取进一步的安全措施，这就是风险评价过程中要完成的工作，在此过程中首先有一个风险评价标准即风险容忍度。

风险容忍度表示在规定的时间内或某一行为阶段可接受的总体风险等级，它为风险评价以及制定减小风险的措施提供了参考依据。因此，在进行风险评价之前预先给出。风险容忍度确定要符合企业（公司）的经营理念和文化。风险容忍度与公司的商业目标有关，不是固定的或者静态的，而是动态的。

风险标准是为管理决策服务的，其制定必须是科学、实用的，即在技术上可行，在应用中有较强的可操作性。标准的制定首先要反映公众的价值观、灾害承受能力，其次必须考虑社会的经济能力。人们往往认为风险越小越好，这是一个错误的概念，减少风险是要付出代价的。无论减少危险发生的概率还是采取防范措施使发生事故所造成的损失降到最小，都要投入资金、技术和人力，通常的做法是将风险限定在一个合理的、可接受的水平上。根据影响风险的因素，经过优化，寻找最佳的投资方案，接受合理的风险。

在能源工程风险评价中，可以采用"最低合理可行"原则。该原则的含义是：任何工业系统中都存在风险，不可能通过预防措施来彻底消除风险；而且，当系统的风险水平越低时，要进一步降低就越困难，其成本往往呈指数曲线上升。也可以这样说，安全改进措施投资的边际效益递减，最终趋于零，甚至为负值。因此，必须在风险水平和成本之间进行折中。

"最低合理可行"原则可用图 9-5 表示，具体说明如下：

① 对能源工程进行定量风险分析，如果所评出的风险指标在不可容忍线之下，则落入不可容忍区（高风险区）。此时，除特殊情况外，该风险是无论如何不能被接受的。

② 如果所评价的风险指标在可忽略线之上，则落入可忽略区（低风险区）此时，该风

险是可以被接受的，无须再采取安全改进措施。

③ 如果所评价的风险指标在可忽略线和不可容忍线之间，则落入可容忍区（中风险区），此时风险水平符合"最低合理可行"原则，需要进行安全措施投资成本—风险分析，如果分析结果能够证明进一步增加安全措施投资对工业系统的风险水平降低贡献不大，则风险是可以容忍的，即可以允许该风险存在，以节省一定成本。

2. 风险评价方法

对风险进行评价可采取定量评价和定性评价两类方法。定量评价需要各类专业人员合作，一般过程复杂。定性评价主要通过人的主观判断进行评估，方法相对简单，适用于对各类风险评价。例如，目前国际上比较流行的是利用"风险矩阵图"对风险进行定性评价，如图 9-6 所示。

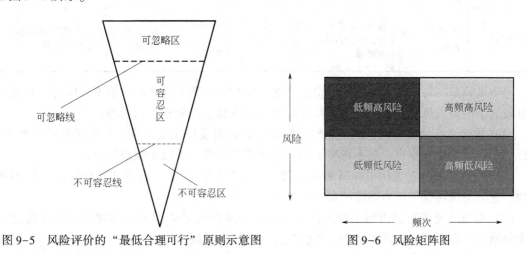

图 9-5　风险评价的"最低合理可行"原则示意图　　　　图 9-6　风险矩阵图

如果对某区域能源工程评价出的风险程度出现在"风险矩阵图"低频高风险与高频高风险区域，那么这种风险是主要的风险，必须及时采取相应技术和（或）管理措施以降低该区域的风险程度，使风险程度至少要降到高频低风险区域。

风险程度定量评价法是对已识别的与风险有关的因素赋值，用不同的方法进行定量的评价。如管道风险指数评价法之一，就是将可能影响管道风险的各种环境条件、人的行为预防措施等赋予不同的指数值，这些指数值来自于以往事故的统计资料和操作人员（专家）的经验，经过计算最终得出相对风险程度。该方法的最大优势是包含的信息量大，且考虑了一旦管道泄漏后对环境和周边人员的危害程度，该方法在城市燃气管网风险评价中的应用详见后面介绍。

三、风险控制

风险控制是风险管理的最终目的，风险控制就是要在现有技术和管理水平上，根据风险评价的原则和标准提出各种风险解决方案，经过分析论证与评价，从中选择最优（满意）方案并予以实施的过程，以最低的成本达到最佳的安全水平，具体控制目标包括降低事故发生频率、减少事故的严重程度和事故造成的经济损失程度。

风险控制技术有宏观控制技术和微观控制技术。宏观控制技术以整个风险控制对象为对象，运用系统工程原理对风险进行有效控制。采用的技术有法制手段（政策、法令、规则制度)、经济手段（奖、罚、惩）和教育手段（长期的、短期的、学校的、社会的）。微观控制技术以具体的危险源为控制对象，以系统工程原理为指导，对风险进行控制。手段主要是工程技术措施和管理措施。宏观控制技术和微观控制技术相互依存，相互补充，缺一不可。

风险控制的基本原则有闭环控制原则、动态控制原则、分级控制原则和多层次控制原则。其中多层次控制可以增加系统的可靠度，一般分为六个层次：根本的预防性控制、补充性控制、防止事故扩大的预防性控制、维护性能的控制、经常性控制和紧急性控制。以控制高压天然气管道泄漏爆炸危险为例说明这六个层次的工作内容，见表9-3。

表9-3 控制高压天然气管道泄漏爆炸危险的多层次方案

顺序	1	2	3	4	5	6
目的	预防性	补充性	防止事故扩大	维修性能	经常性	紧急性
内容提要	不使产生泄漏事故	保持管道强度、质量，抑制泄漏	高压管道不要靠近人口密集区	对管道运行状况进行检测与维修	保持管道正常运行	疏散管道泄漏周围处人员

避免风险是一种最彻底的控制风险的方法，但作为能源工程来说这是不可能的，只能通过有效的手段降低风险程度。作为风险控制策略性方法，一般有下列七种：

（1）排除，指消除隐患，如某燃气管段受外力冲击受损比较严重，尽管仍然没有破裂，但评估结果风险程度很高，是不可容忍的，必须更换该管段，以排除该隐患。

（2）更换，即隐患无法消除时更换方案。如某区域地下土壤腐蚀性比较强，钢管容易腐蚀，这时可以在保证压力强度的条件下，考虑更换为 PE 管。

（3）降低，是指通过提高工程设计要求等措施来降低风险程度。如对于路面交通量比较大的地段，在设计中要求增加管道埋设深度，以降低风险程度。

（4）隔离，就是将人、财、物等与隐患隔离开来，如天然气门站、高压储罐等危险源，要求保持一定的安全距离，一旦发生事故，可以将损失降低到最小。

（5）程序控制，指针对生产、运行、操作中制定工作程序，并且必须严格遵守程序。例如，燃气管道焊接施工，必须严格按焊接工艺进行焊接，焊接完后还需按程序进行焊接质量检测等，以确保焊接质量，杜绝隐患。

（6）保护，如在燃气管网施工或抢修过程中，人员必须配备必要的安全防护装备，以防止受伤或中毒，从而降低风险发生的可能性。

（7）纪律，指操作人员、管理人员必须严格遵守劳动纪律，对违反纪律者必须受到纪律处罚。

上述七种风险控制方法的效果可以用图9-7表示，最好的风险控制方法是排除风险，最差的方法是通过加强劳动纪律，进行纪律处罚。

能源工程中的风险是无法完全规避的。尽管事故损失可以部分由保险公司承担，但是事故所造成的社会不良影响是难以用金钱来衡量的。

因此，风险控制或风险决策的主要任务是制定并实施预防措施和抢修预案，以降低事故发生概率和事故损失。

排除
替换
降低
隔离
控制
保护
纪律

图9-7 七种风险控制的效果

风险控制要有指标要求，如事故发生概率、严重度、损失率等，作为以后实施决策过程中的检验标准。对于难以量化的目标，也要尽可能加以具体说明。对于各种风险决策方案，决策者要向自己提出"假如采用这个方案，将要产生什么样的后果"，"假如采用这个方案，可能导致哪些不良后果和错误"等问题。从一连串的提问中，发现各种可行方案的不良后果，把它们一一列出，并进行比较，以决定取舍。一旦选定决策方案，就决策过程而言，分析问题决策过程已告完结，但是要解决问题的决策付诸实施，可以说还没有完成。

为了使风险决策方案在实施中取得满意的效果，执行时要制定规划和进程计划，健全机构，组织力量，落实负责部门与人员，及时检查与反馈实施情况，使决策方案在实施中趋于完善并达到期望的效果。

第三节　故障树分析法

基于前两节的风险管理体系，可以针对各类能源工程的具体情况，开展风险管理工作。为了有条理地进行风险管理，可以采用各种方法进行风险的定量和定性评价。由于安全风险分析方法诸多，限于篇幅，在此仅介绍能源工程管理中常用的故障树分析方法。

一、故障树分析的步骤和基本代号

故障树分析（fault tree analysis，FTA）是以故障树作为模型对系统进行可靠性分析的一种方法，是系统安全分析方法中应用最广泛的一种自上而下逐层展开的图形演绎分析方法。在系统设计过程中通过对可能造成系统失效的各种因素（包括硬件、软件、环境、人为因素）进行分析，画出逻辑框图（失效树），从而确定系统失效原因的各种可能组合方式或其发生概率，以计算的系统失效概率，采取相应的纠正措施，以提高系统可靠性的一种设计分析方法。

故障树的分析流程如图 9-8 所示。

（一）故障树分析的基本步骤

故障树分析的基本步骤包括以下八个方面。

（1）确定顶事件。

顶事件就是人们所不期望发生的事件，也是要分析的对象事件。顶事件的确定可依据人们所需分析的目的直接确定并在调查故障的基础上提出。除此，也可以事先进行事件树分析或故障类型和影响分析，最终确定顶事件。

此外还需要验证其效果，使其降至目标值以下，如果事故的发生概率及其造成的损失为社会所许可，则不需投入更多的人力、物力进一步治理。

（2）理解系统。

要确实了解掌握被分析系统的情况。如工作系统的工作程序、各种重要参数、作业情况及环境状况等。在必要时，还可以画出工艺流程图和布置图。

（3）调查事故原因。

要做到尽量广泛地了解所有故障，不仅要了解过去所出现过的故障，而且也要了解未来将会发生的故障；不仅包括本系统发生的故障，也包括同类系统发生的故障。查明

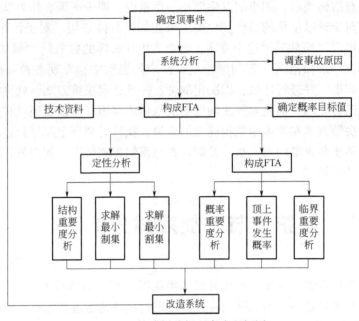

图 9-8　故障树分析程序流程框图

能造成故障的各种原因，包括机械故障、设备损坏、操作失误、管理和指挥错误、环境不良因素等。

（4）确定目标值。

根据以往的故障经验和同类系统的故障资料，进行统计分析，得出故障的发生概率。然后由这些故障的严重程度，来确定要控制的故障发生概率的目标值。

（5）构造故障树。

故障树的建造是 FTA 的核心之一。故障树的正确、合理、完整与否直接决定了分析结果的准确性、有用性。故要求建树者必须具有本专业丰富的知识和经验，仔细分析设计文件、运行文件，掌握系统的特性，慎重地对待该过程的每个细节，才可以建造出较完善的故障树。

构造故障树时首先要充分分析造成顶事件起因的中间事件及基本事件间的关系，并加以整理，而后从顶事件起，按照演绎分析的方法，一级一级地把所有直接原因事件，按其逻辑关系，用逻辑门符号进行连接，以构成故障树。

（6）定性评价。

根据构造出的故障树图，列出布尔表达式，求解出最小制集（顶事件发生所必需的最低限度的底事件的集合），确定出各基本事件的结构重要度（基本事件在故障树结构中所占的地位而造成的影响程度）分析，从而发现系统的最薄弱环节。

（7）定量评价。

根据各底事件发生概率来求出顶事件的发生概率。在求解出顶事件概率的基础上，进一步求出各底事件的概率重要系数和临界重要系数。也就是说，首先要收集到足够量的底事件的发生概率值，进而求取顶事件的概率值，再将所取得的顶事件发生的概率值与预定的目标值（社会能接受的顶事件发生的概率值）进行比较分析。若超过社会许可值，就应采取必要的系统改进措施，然后再用故障树分析。

（8）制定预防事故（改进系统）的措施。

在故障树定性或定量评价的基础上，根据各种可能导致故障发生的底事件组合（最小割集）可预防的难易程度和重要度，结合本企业的实际能力，制订出具体、切实可行的预防措施，并付诸实施。

（二）故障树分析的基本名词和符号体系

在故障树分析中各种故障状态或不正常情况皆被称为故障事件，各种完好状态或正常情况皆被称为成功事件，两者均可称为事件。事件符号是树的节点，常用符号见表9-4。

表9-4　故障树常用符号

序号	事件名称	事件符号	符号含义
1	底事件		在特定的故障树分析中无须再探明发生原因的基本事件
2	未探明事件		原则上应进一步探明其原因但暂时不能探明其原因的底事件
3	结果事件		顶事件，或由其他事件或事件组合所导致的中间事件
4	中间事件		位于顶事件和底事件之间的结果事件
5	顶事件		故障树分析中所关心的结果事件
6	条件事件		描述逻辑门起作用的具体限制的事件

在故障树分析中，逻辑门是表示事件间逻辑连接关系的判别符号，常用符号见表9-5。

表9-5　故障树逻辑连接关系的判别符号

序号	门的名称	门的符号	符号含义
1	或门		表示至少一个输入事件发生时，输出事件就发生
2	与门		表示仅当所所有输入事件发生时，输出事件才发生

转移符号表示部分树的转入和转出，主要用在当故障树规模很大，一张图纸不能画出树的全部内容，则需要在其他图纸上继续完成时；又或者整个故障树中含有多处同样的部分树，为简化起见，以转入、转出符号表明。常用的转移符号有两种，见表9-6。

表9-6　故障树转移符号

序号	转移名称	转移的符合	符号含义
1	转入		表示需要继续完成的部分树由此转入
2	转出		表示这个部分树由此转出

故障树分析是一种对复杂系统进行风险识别和评价的方法。在生产、使用阶段可进行失效诊断，改进技术管理和维修方案。故障树分析也可以作为故障发生后的调查手段，而且其既适用于定性评价，又适用于定量评价，具有应用范围广和简明形象的特点，体现了以系统工程方法研究安全问题的系统性、准确性和预测性。然而故障树分析的过程比较烦琐，采用故障树对能源工程进行定量分析和评价时，就会存在更大的困难。从实际应用而言，由于我国目前还缺乏能源工程各种设备的故障率和人的失误率等实际数据，所以给定量评价带来很大困难或不可能。但由于故障树分析能直观地指出消除故障的根本点，方便预防措施的制定，因而实用价值较高。

二、最小割集及其计算方法

所谓割集，就是事故树中某些基本事件的集合，当这些基本事件都发生时，顶上事件必然发生。如果在某个割集中任意除去一个基本事件就不再是割集了，这样的割集就称为最小割集。也就是导致顶上事件发生的最低限度的基本事件组合。

最小割集内所包含的底事件数称为阶数，如最小割集内含有两个底事件，称为二阶最小割集。

在求得最小割集之后，按其阶数从小到大顺序排列，就可以得到各基本事件的定性重要度。例如有如图9-9所示的故障树，可以通过下面的布尔代数逻辑运算简化：

$$\{K_1 = (f_1 f_2 f_3), K_2 = (f_3 f_4), K_3 = (f_4 f_5), K_4 = (f_6)\} \tag{9-1}$$

根据布尔代数吸收率：

$$(f_4 f_6) + (f_6 f_5) + (f_6 f_6) = f_6 \tag{9-2}$$

则

$$T = (f_1 f_2 f_3) + (f_3 f_4) + (f_4 f_5) + (f_6) \tag{9-3}$$

因此，图9-9故障树的所有最小割集为

$$\{(f_1 f_2 f_3), (f_3 f_4), (f_4 f_5), (f_6)\}$$

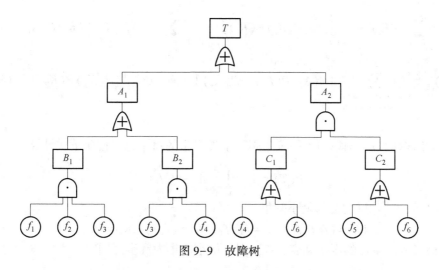

图 9-9　故障树

图 9-9 故障树有 1 个一阶最小割集，2 个二阶最小割集，1 个三阶最小割集。按阶数进行基本事件重要度的定性排序：基本事件 f_6 重要度最大，其次为基本事件 f_4，再是基本事件 f_3 和 f_5，基本事件 f_1 和 f_2 重要度最低。

同时可以将图 9-9 故障树改画为如图 9-10 所示的等效故障树（无重复故障树）。

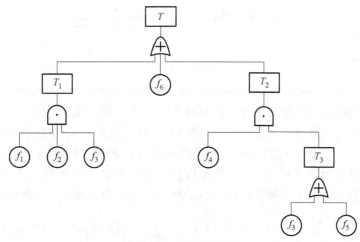

图 9-10　等效故障树

构建故障树并求得故障树的全部最小割集后，如果同时知道各种底事件发生的概率，就可以计算顶事件的发生概率。

设底事件无重复故障树（即等效故障树）的底事件为 $f_1, f_2, \cdots, f_m$，这些事件是相互独立的（一个底事件的发生与否与其他底事件发生与否毫不相干），其中，m 为底事件总数，其全部最小割集为 $\{(K_1), (K_2), \cdots, (K_n)\}$，其中，$n$ 为最小割集总数。如果已知各底事件 f_h 的发生概率 $p_h = P(f_h)$，则任一最小割集 K_i 内各底事件同时发生的概率为

$$P = (K_i) = \prod_{f_h \in K_i} P(f_h), (i = 1, 2, \cdots, n); (h = 1, 2, \cdots, m) \tag{9-4}$$

因此，顶事件发生的概率为

$$P(T) = \sum_{i=1}^{n} P(K_i) - \sum_{\substack{i=1,j=2,\\ i<j}}^{n} [P(K_i)P(K_j)] + \sum_{\substack{i=1,j=2,k=3,\\ i<j}}^{n} [P(K_i)P(K_j)P(K_k)] + \cdots +$$

$$(-1)^{n-2} \sum_{\substack{i=1,j=2\cdots s=n-1,\\ i<j<\cdots<s}}^{n} [P(K_i)P(K_j)\cdots P(K_s)] + (-1)^{n-1}[P(K_1)P(K_2)\cdots P(K_n)]$$

$$(9-5)$$

如果故障树的最小割集均为一阶，则顶事件发生的概率也可按照下式计算：

$$P(T) = 1 - \prod_{i=1}^{m}[1 - P(f_i)]$$

图 9-8 等效故障树的全部最小割集为

$$\{K_1 = (f_1 f_2 f_3), K_2 = (f_3 f_4), K_3 = (f_4 f_5), K_4 = (f_6)\}$$

如果假设各底事件的概率见表 9-7，则各最小割集内底事件同时发生的概率可由表 9-8 所知。

表 9-7　各底事件的概率

底事件 f_h	f_1	f_2	f_3	f_4	f_5	f_6
底事件发生概率 P_h	0.6	0.5	0.4	0.3	0.2	0.1

表 9-8　各最小割集内底事件同时发生的概率

最小割集合 K_i	K_1	K_2	K_3	K_4
最小割集内底事件同时发生的概率 $P(K_i)$	0.12	0.12	0.06	0.1

前面定性分析各底事件重要度时，底事件 f_6（属于一阶割集 K_4 中的底事件）定性重要度最大，但通过上述计算可知道，由于三阶割集 K_1 和二阶割集 K_2 中各底事件的发生概率均比 f_6 的发生概率大，所以，它们同时发生的概率也比 f_6 的发生概率大。因此从定量分析角度看，这里高阶最小割集（K_1 和 K_2）重要度反而要比低阶最小割集（K_4）重要度大。因此，在采用故障树分析法时必须注意这一点。然后，将上表中的有关数据代入式(9-5)，得

$$P(T) = \sum_{i=1}^{n} P(K_i) - \sum_{\substack{i=1,j=2,\\ i<j}}^{n} [P(K_i)P(K_j)] + \sum_{\substack{i=1,j=2,k=3,\\ i<j}}^{n} [P(K_i)P(K_j)P(K_k)] + \cdots +$$

$$(-1)^{n-2} \sum_{\substack{i=1,j=2\cdots s=n-1,\\ i<j<\cdots<s}}^{n} [P(K_i)P(K_j)\cdots P(K_s)] + (-1)^{n-1}[P(K_1)P(K_2)\cdots P(K_n)]$$

$$= 0.34486$$

然而在实际能源工程或系统中，底事件或最小割集内各底事件同时发生的概率都是非常小的，所以在应用式(9-5)时，可以只取公式右边中的第一项即可。

例如，要分析一段燃气钢管（该钢管上连接有阀门）可能发生管段失效的原因，首先从管段失效（顶事件）出发，分析引发管段失效的所有可能直接事件（中间事件），并以这些可能的直接事件作为次一级顶事件，层层深入分析，直至找到引发该管段失效的最初原因（即底事件），从而构建故障树，如图 9-11 所示。

图 9-11 中符号说明见表 9-9。

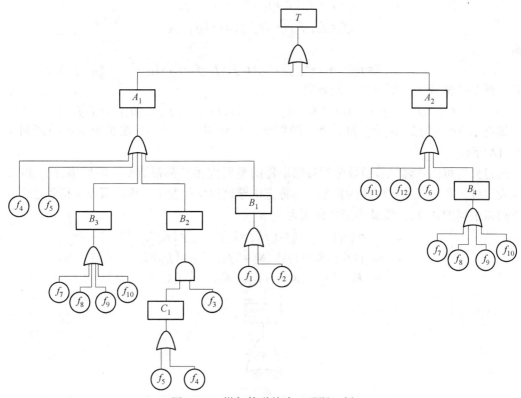

图 9-11　燃气管道故障（泄漏）树

表 9-9　燃气管道故障（泄漏）树符号说明

符号	事件	符号	事件
T	管段失效	f_6	第三方破坏
A_1	管道泄漏	B_3	管基下沉
B_1	腐蚀穿孔	f_7	管壁厚度设计不当
f_1	防护层损坏	f_8	施工不规范
f_2	补口、补伤不合格	f_9	地质变化
B_2	疲劳破坏	f_{10}	路面过载
f_3	变应力作用	A_2	管道附属设备失效
C_1	缺陷	f_{11}	附属设备质量缺陷
f_4	焊接缺陷	f_{12}	未定期更换
f_5	材料质量缺陷	B_4	阀基下沉

该故障树可以通过下面的布尔代数逻辑运算简化：

$T = A_1 + A_2$

$= \{f_6 + f_5 + B_3 + B_2 + B_1\} + \{f_{11} + f_{12} + f_6 + B_4\}$

$= \{f_6 + f_5 + (f_7 + f_8 + f_9 + f_{10}) + [C_1 f_3] + f_1 + f_2\} + \{f_{11} + f_{12} + f_6 + (f_7 + f_8 + f_9 + f_{10})\}$

$= \{f_6 + f_5 + (f_7 + f_8 + f_9 + f_{10}) + [(f_4 + f_5) f_3] + f_1 + f_2\} + \{f_{11} + f_{12} + f_6 + (f_7 + f_8 + f_9 + f_{10})\}$

$= \{f_6 + f_5 + (f_7 + f_8 + f_9 + f_{10}) + [f_4 f_3 + f_5 f_3] + f_1 + f_2\} + \{f_{11} + f_{12} + f_6 + (f_7 + f_8 + f_9 + f_{10})\}$

根据布尔代数吸收率：

$$f_6+f_6=f_6,\ f_7+f_7=f_7,\ f_8+f_8=f_8,$$
$$f_9+f_9=f_9,\ f_{10}+f_{10}=f_{10},\ f_5+f_5f_3=f_5,$$

则有

$$T=f_6+f_5+f_7+f_8+f_9+f_{10}+f_4f_3+f_1+f_2+f_{11}+f_{12}$$

因此，图 9-9 故障树的所有最小割集为

$$\{(f_1),(f_2),(f_5),(f_6),(f_7),(f_8),(f_9),(f_{10}),(f_{11}),(f_{12}),(f_3f_4)\}$$

即有 10 个一阶最小割集和 1 个二阶割集，且可以将图 9-11 改画为等效故障树，如图 9-12 所示。

通过分析可知该燃气管道故障树各底事件的重要度相对都很重要。除底事件 f_3 和 f_3 需同时发生外，其他任一底事件的发生，都将直接导致顶事件发生，也就可以使得管道失效。

可以根据图 9-12，设最小割集分别为

$$K_1=\{f_1\},K_2=\{f_2\},K_3=\{f_5\},K_4=\{f_6\},$$
$$K_5=\{f_7\},K_6=\{f_8\},K_7=\{f_9\},K_8=\{f_{10}\},$$
$$K_9=\{f_{11}\},K_{10}=\{f_{12}\},K_{11}=\{f_3f_4\}$$

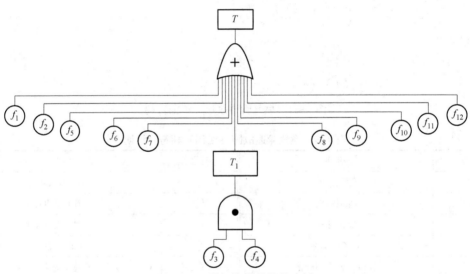

图 9-12　燃气管道等效故障树

如果各底事件的发生概率如表 9-10 所示，则各最小割集内底事件同时发生的概率见表 9-11。

当各最小割集内各底事件同时发生时的概率非常小时，此时管道泄漏事故的发生概率可近似由下式计算：

$$P(T)\approx\sum_{i=1}^{11}P(K_i)=38.31\times10^{-3}=0.03831$$

表 9-10　各底事件的发生概率

底事件 f_h	f_1	f_2	f_3	f_4	f_5	f_6	f_7	f_8	f_9	f_{10}	f_{11}	f_{12}
底事件发生概率 $p_b\times10^{-3}$	5.6	4.9	2.4	4.3	2.2	9.3	1.3	4.3	0.5	5.3	2	2.9

表 9-11　各最小割集内底事件同时发生的概率

底事件 K_i	K_1	K_2	K_3	K_4	K_5	K_6	K_7	K_8	K_9	K_{10}	K_{11}
最小割集内底部事件同时发生概率 $P(K_i)\times10^{-3}$	5.6	4.9	2.2	9.3	1.3	4.3	0.5	5.3	2	2.9	0.01

当各最小割集内各底事件同时发生的概率较小时，事故发生的概率接近以下公式计算：

$$P(T) \approx \sum_{i=1}^{11} P(K_i) = 38.31 \times 10^{-3} = 0.03831$$

三、底事件概率确定方法

常用底事件概率确定方法有历史数据统计分析法、概率统计法、可靠性理论、模糊数学法、层次分析法、模糊综合评价法等。

（一）历史数据统计分析法

历史数据统计分析法是收集相应的历史数据后进行分析，得出底事件过去的发生频率，并以此预测现在或将来的发生概率。在进行数据分析时，可以使用回归预测、时间序列预测等方法。另外，还需注意历史数据的适用范围，并根据现在考虑的具体情况做出相应的修正。历史数据的收集，不仅包括硬件的失效数据，还应包括各种初因事件的发生频率（偏离正常设计工况的频率）以及各种人为事物数据。历史数据的有效收集是进行定量风险评价的基础，也是政府与企业制定安全规范和制定风险决策的依据。现在世界上各个国家和专业技术公司都已认识到基础数据的极端重要性，已经建立起了数百种由政府和企业资助的基础数据库。为了建立这些数据库，需要大量人力和资金、功能超强的计算机网络、复杂的管理信息系统和有效的组织。

（二）概率统计法

概率统计法是对各底事件分别给出其概率分布，然后利用计算机模拟计算，从而给出结果事件的概率分布规律，并由此可计算出该结果的期望值、标准差及其有关概率，概率统计法主要是指蒙特卡洛（Monte Carlo）模拟法，该方法能较好地反映底事件概率的不确定性，但是由于其先决条件是底事件的概率分布为已知，所以在实际应用中，要得到底事件的概率分布并非易事。因此，限制了它的应用。

（三）可靠性理论

在一个特定周期内元件的平均故障率由 λ 表示（故障/时间），在时间间隔（0，0）内元件的可靠性 $R(t)$ 由指数分布导出，有 $R(t)=e^{-\lambda t}$（t 为时间）。当 t 增加时，故障率增高，可靠性降低，则底事件概率为 $P(t)=1-R(t)$。

（四）模糊数学法

对于不确定性因素分析最有力的工具就是模糊数学法。应用模糊数学中的相关理论和方法来求解故障树底事件的概率，既反映了概率本身的模糊性，又允许概率值有一定程度的误差，而且可以将现场的少量数据与工程技术人员的经验结合起来，使得分析结果更为接近工程实际。

采用故障树进行定量分析和评价时，主要困难在于底事件发生概率的确定非常困难。一是失效的原因不仅是由客观不确定因素造成的，而且还有一些是人为的主观原因；二是精确的概率化需要大量的数据供统计分析之用；三是在复杂的人—机系统中，由于人的因素、相关失效、共因失效等造成系统建模的不精确性，纯概率方法难以奏效。此外，由于系统受外界环境的影响，上述概率值通常也会发生变化，因此，故障树底事件的概率具有一定的不确定性（随机性和模糊性）。但由于故障树分析能直观地指出消除故障的根本点，方便预防措施的制定，因而实用价值较高。

（五）层次分析法（AHP）

根据能源工程历史运行记录，可以针对评价对象统计出个别底事件的发生概率，并借助专家调查法，可以利用层次分析法（AHP）中的判断矩阵，推断出其他底事件的发生概率。所谓专家调查法就是利用专家的知识和经验，给出相关的判断，但往往获得的是定性结果。

（六）模糊综合评价法

所谓综合评价，就是对受到多种因素制约的事物或对象做出一个总的评价。科技成果鉴定、产品质量评级、系统风险性评价等都属于综合评价范畴。对于评价一个事物或现象，如果考虑的因素只有一个，评价就很简单，只要给对象一个评价分数，按分数的高低，就可将评价的对象排出优劣性、重要性或风险性的次序。但是一个事物往往具有多种属性，评价事物必须同时考虑各种因素，这就是综合评价问题。由于在很多问题上，人们对事物的评价常常带有模糊性，因此，应用模糊数学的方法进行综合评价将会取得更好的实际效果。

四、底事件重要度

故障树中各底事件并非同等重要，工程实践表明，系统中各部件所处的位置、承担的功能并不是同等重要的，因此引入"重要度"的概念，以标明某个部件（底事件）对顶事件（风险）发生概率的影响大小，这对改进系统设计、制定应对风险策略是十分有利的。对于不同的对象和要求，应采用不同的重要度。比较常用的有四种重要度，即概率重要度、结构重要度、相对概率重要度及相关割集重要度。

（一）概率重要度

概率重要度反映底事件发生概率变化引起顶事件发生概率的变化程度。通过计算各底事件的概率重要度，可以确定哪一个底事件发生概率的降低，对于降低顶事件的发生概率是最有效的，即对于概率重要度最大的底事件，可以优先考虑减低其发生概率。底事件概率重要度的数学表达式为

$$I^{\mathrm{pr}}(f_i) = \frac{\partial P(T)}{\partial P(f_i)} \tag{9-6}$$

式中　$I^{\mathrm{pr}}(f_i)$——底事件 i 的概率重要度；

　　　$P(f_i)$——底事件 i 的发生概率；

　　　$P(T)$——底事件 T 的失效概率。

如果故障树的最小割集均为一阶，则底事件的概率重要度为

$$I^{\mathrm{pr}}(f_i) = \prod_{\substack{j=1 \\ i \neq 1}}^{n} [1 - P(f_i)] \tag{9-7}$$

如果故障树的最小割集均为一阶，且底事件发生概率又很小，可取式（9-5）的前两项，则底事件的概率重要度为

$$I^{pr}(f_i) = 1 - \sum_{\substack{j=1 \\ j \neq 1}}^{n} P(f_i) \qquad (i = 1,2,3,\cdots,n) \tag{9-8}$$

式中，n 表示一阶最小割集数。

（二）结构重要度

结构重要度表示底事件在系统结构中对故障树顶事件发生的影响程度，与底事件的发生概率无关。如果故障树割集均为一阶最小割集，则各底事件的结构重要度相同，均为

$$I^{St}(f_i) = \frac{1}{2^{n+1}} \qquad (i = 1,2,3,\cdots,n)$$

各底事件的结构重要度相同，说明各底事件对顶事件构成同样的危险，即无论哪个底事件发生，均直接导致顶事件的发生。也就是说对于故障树顶事件而言，底事件越多，则故障发生的可能性也就越大。

（三）关键重要度

概率重要度反映底事件发生概率变化引起顶事件发生概率的变化程度，但没有反映减小底事件发生概率的难易性。有些底事件尽管概率重要度比较大，但它们的发生概率已经比较小，再要减小难度较大，或成本很大；而有些底事件尽管概率重要度比较小，但它们的发生概率大，有很大的减小空间。关键重要度反映了这一特点。对于上述的燃气故障树，底事件的关键重要度计算公式为

$$I^{Cr}(f_i) = \frac{P(f_i)}{P(T)} \cdot I^{Pr}(f_i) \tag{9-9}$$

如果故障树的最小割集均为阶，且底事件发生概率又很小，则关键重要度可以按下式计算：

$$I^{Cr}(f_i) = \frac{P(f_i)}{P(T)} \cdot I^{Pr}(f_i) = \frac{P(f_i)}{\sum_{j=1}^{n} P(f_i)} \prod_{\substack{j=1 \\ j \neq 1}}^{n} [1 - P(f_i)] \tag{9-10}$$

（四）相关割集重要度

首先定义相关割集和无关割集，部件 i 的相关割集是指含部件 i 的割集，部件 i 的无关割集是指不含部件 i 的割集，这里割集均为最小割集的简称。

若系统的全部割集中有 N_i 个部件 i 的相关割集，则定义：

$$g_i(Q(t)) = P_r\left(\bigcup_{j=1}^{N_i} \prod_{x_i \in k_j} x_1 \right)$$

$g_i(Q(t))$ 的意义是至少一个部件 i 的相关割集发生的概率，k_j 的意义是第 j 个 i 部件的相关割集，$\bigcup_{j=1}^{N_i} \prod_{x_i \in k_j} x_1$ 的意义是全部 N_i 个 i 部件相关割集的并集。

第四节　能源工程中的 HSE 管理

一、HSE 管理理念概述

（一）HSE 管理体系的简介

HSE 管理体系（Health，Safety and Environment System，即健康、安全与环境管理体系），是国际上石油公司为减轻和消除石油工业生产中可能发生的健康、安全与环境方面的风险，保护人身安全和生态环境制定的一套系统的管理办法。

1991 年以来，美国石油工程师学会已在荷兰、印度尼西亚、美国召开了三次石油天然气勘探开发中的健康、安全与环境讨论会，促进了石油工业健康、安全与环境管理的标准化进程。1996 年 1 月，国际标准化组织（ISO）负责石油天然气工业材料、设备和海上结构标准的技术委员会，发布了 ISO/CD 14960《石油天然气工业健康、安全与环境管理体系》（标准草案）。虽然这一标准目前尚未经国际标准化组织的正式批准公布，但已得到世界上主要石油公司的认可，成为石油天然气工业各公司进入国际市场的入场券。

我国原石油天然气工业总公司参考 ISO/CD 14960 于 1997 年 6 月发布了 SY/T 6276—1997 行业标准《石油天然气工业健康、安全与环境管理体系》，于 1997 年 9 月 1 日起实施。

（二）HSE 管理体系的主要内容

SY/T 6276—1997 是一项关于组织内部健康、安全与环境管理体系的建立、实施与审核的标准。健康、安全与环境管理体系主要用于各种组织通过经常和规范化的管理活动实现健康、安全与环境管理的目标，目的在于指导组织建立和维护一个符合要求的健康、安全与环境管理体系，再通过评价、评审和体系审核活动，推动这个体系有效运行，达到健康、安全与环境管理水平不断提高的目的。

健康、安全与环境管理体系由七个相关要素构成，这七个要素又包括 26 个二级要素。

1. 领导和承诺

石油企业的高层管理者应直接抓健康、安全与环境管理工作，在健康、安全与环境管理方面提出明确的承诺，并将其作为企业文化的一部分，这是建立健康、安全与环境管理体系的基础。为此，高层管理者应做到：

（1）明确健康、安全与环境管理应为公司整个管理体系的优先事项之一，对此类事项的考虑应体现在公司管理决策的重要议事日程中；

（2）认识到预防事故和改进公司表现的意义，明确高层管理承担的健康、安全与环境表现的责任和义务；

（3）理解和实施健康、安全与环境管理体系对公司经济效益、公众形象、组织管理功能的促进作用，从而促进全员健康、安全与环境的重视程度和表现水平；

（4）承诺为建立健康、安全与环境管理体系及其有关活动提供支持，保证健康、安全与环境管理体系有效运行。

2.方针和战略目标

方针和战略目标是公司对其在健康、安全与环境管理方面的意向和原则声明，是指导思想和行为准则，它指明了公司在健康、安全与环境方面的努力方向，提供了规范组织行为和制定具体目标的框架。它包括以下内容：

（1）遵守有关法律、法规和其他应遵守的内、外部要求；

（2）实行持续改进是实现健康、安全与环境管理体系贯穿始终的指导思想；

（3）重视事故预防，即尽可能防止事故发生，而不是事故发生后再进行补救。

3.评价和风险管理

评价是建立和实施健康、安全与环境管理体系的一项基础工作。它能搞清公司运行过程中对健康、安全与环境可能产生的危害，并对以往的健康、安全与环境管理进行总结。它包括：危害和影响的确定；建立判别准则；评价；建立说明危害和影响的文件；具体目标和表现准则；风险削减措施。

4.规划

健康、安全与环境管理体系的规划是指通过设施的完善，责任的明确，工作程序、应急反应计划的制定、评价及不断完善，以达到目标，实现承诺。它包括：总则；设施的完整性；程序和工作指南；变更管理；应急反应计划。

5.实施和监测

公司进行任何活动、执行任何任务时，必须按照健康、安全与环境管理体系标准的要求进行健康、安全与环境管理，即对活动或任务的潜在危害进行评价，制定具体目标和风险削减措施，配备必要的人力、物力和财力，制定工作程序并遵照执行，对紧急情况采取必要的措施。

监测是健康、安全与环境管理体系中重要的活动，它是监督、检查、监测、分析等一系列工作的统称。它必须保证实现以下目标：通过确定测量基准或定期的监测数据来为公司的管理提供帮助，对健康、安全与环境进行科学的评价以便对先行的操作进行改进，确定先行操作的潜在危害和影响，以采取响应的预防措施，在追究事故责任过程中，为公司内部和外部的有关部门人员提供信息和证据。它包括：活动和任务；监测；记录；不符合及纠正措施；事故报告；事故调查处理。

6.审核和评审

审核是对体系是否按照预定要求运行的检查和评价活动，也就是对公司是否符合健康、安全与环境管理体系的要求进行验证。

评审是 HSE 管理体系最后一个环节，是实现 HSE 管理体系持续改进的保证。它是公司的最高管理者对管理体系所做的全面评审，目的是评价 HSE 管理体系的适宜性、充分性和有效性。

7.组织结构、资源和文件

健康、安全与环境管理是一项复杂的工作，涉及公司全部或大部分人员的活动，这就需要公司合理划分组织机构，明确职责和权限，规定岗位职责，保证所有的职责都落实到部门和个人。而公司任何一个管理体系的建立和良好运作，都离不开一定的资源做保证，健康、安全与环境管理体系的动作也需要人、财、物等方面的支持。文件是管理方案和程序的存在，记录体系的运行情况，为公司保持和传播各种内外部信息，支持体系的正常运行。它包括：组织机构和职责；资源；能力；承包方；信息交流；文件及控制。

二、HSE 在石油天然气能源管理中的应用

随着世界经济一体化发展速度越来越快，油气工程服务项目范围也得到了全球化拓展。结合这一发展机遇，很多国内石油工程建设企业积极投身到国际工程服务市场中。在这一背景下，我国石油工程建设团队要想更好面对逐渐增加的竞争压力，就需要提出可持续发展的管理方案，而 HSE 管理就是石油企业的最佳选择。

HSE 管理在石油天然气能源管理中的应用方案包括以下五方面的内容。

（一）提升油气开发现场管理者的 HSE 管理意识

要想在石油企业中全面推广 HSE 管理理念，要先提升管理者的 HSE 管理意识，优化管理理念。大部分油气开发现场管理者关注更多的是项目实施的进度、效益以及当前利益等，忽视了工作者的健康、安全以及环境保护等工作的必要性。大部分项目管理者提出环保工作与员工健康等工作都是形式上要求，只有项目的进度与效益才是企业发展的根本，也有很多企业上级领导将项目经理的项目进程、投资管理等作为考察标准，并没有关注实践中员工的健康、安全与环保等工作是否符合标准。由此，石油企业要想全面推广 HSE 管理体系，提升自身的工作效率和质量，就要先从思想上加大对 HSE 管理的认识和研究，不断优化工作者的 HSE 管理意识。管理者要以企业整体发展为基础进行研究，以员工为发展的根本，关注员工健康、安全与环保工作。石油企业要将 HSE 管理标准融入考察系统中，做到全员参加，全面落实，提升管理者与基层工作者的 HSE 管理意识，以此为提升企业安全、健康与环保工作的效率和质量奠定基础。

（二）强化油气开发生产管理中的安全管理工作

结合石油企业开发生产阶段的危险源，管理者要构建安全监督系统。主要分为以下几点：其一，保障横向与纵向上无漏洞岗位，确保生产建设工作全面运行；其二，构建岗位生产管理网络，结合不同岗位要求提出不同的业务素质标准；其三，推广群众监管机制，确保生产单位上下合作，共同创新和坚持；其四，构建健全的单位安全管理规定，完善安全生产法律规定和奖罚制度。管理者是安全教育工作实施的重要依据，石油企业可以通过管理者指导基层员工提升自身的安全意识，以此为石油企业安全管理工作奠定基础。

（三）完善油田开发生产管理的环保工作

油气田开发生产工作对周围的环境具有极高的破坏性，因此完善油气田开发生产管理的环保工作是 HSE 管理工作的重点内容之一。石油生产阶段的钻井、射孔以及采油等工作非常多变，包含多个部门不同岗位的工作者，个人的节能意识和环保观念直接影响石油 HSE 管理工作的推广。因此，现场管理者要加大对这部分工作的关注，注重提升现场工作者的节能意识。

（四）优化承包商的资质管理

计划经营、项目主管以及安全等部门要构建合作关系，对承包商的营业执照、税务登记证以及安全生产证明等资质进行审查和明确，严格控制企业法人、项目经理以及安全管理者的安全资质与现场操作的上岗证明，特殊岗位工作者必须持证经过培训才能上岗；监管审查施工阶段的起重、吊装以及推土机械等设施、压力表等设备是否完善，是否会定期检测；要

检查具备资质厂家提供的各项证明，以此为施工设施的应用提供保障，优选有安全保障、资质符合规定的承包商。在项目施工之前，所在区域的管理单位、主管部门以及 HSE 管理监督部门等要检查各项安全与环境保护工作是否完善，是否符合施工需求，只有在明确上述问题后，才能进行现场操作。

（五）构建施工方的培训系统

结合施工方的负责人、HSE 管理者以及技术者、施工者等，培训系统要设计不同的内容，可以结合油田现场施工需求，由各个部门主管者合作构建 HSE 培训班。在学习安全环境保护理论知识、操作技能等内容以外，企业还要注重对现场实践的培训，如邀请具备实践经验的讲师为工作者讲述自己以往处理作业事故的心态、行为以及获取的经验，以此为施工者的未来工作提供依据。在应急预案演练阶段，企业也可以结合管理单位、周边医院、消防队的优势，组织进行应急演练，这样不但可以提升施工团队的综合素养，而且可以为其提供更多的实践经验。

思考题

1. HSE 的含义是什么？
2. 根据风险矩阵分析方法，简单对高压天然气管道泄漏爆炸进行风险评价。
3. 根据故障树理论和分析方法，完成城市燃气管道故障（泄漏）树分析。

第十章

能源工程绩效管理

第一节　绩效管理基本理论

一、绩效管理的内涵

"绩效管理"这一概念最早是由美国的奥布瑞·戴尼尔提出，他认为员工应该对组织交代的任务持喜欢态度并积极去完成，同时他在《绩效管理：R+》中也进行了阐述和论证。随着对绩效管理内涵的深入研究，不同的看法应运而生，主要有两种看法：一种看法是偏向组织，代表人物有 Bredrup，他认为绩效管理的重点在于组织能力、组织技术、组织态度等方面，不断对绩效管理进行改进和完善，最终赋予组织强有力的竞争优势；另一种看法是偏向个体，代表人物有 Ainsworth 和 Smith，他们认为绩效管理应该从个人的角度出发，开发员工的潜能，指导员工的工作方法，激励员工的主观性，最终使员工的目标与组织的战略目标保持一致。目前看来偏向个体的看法更适用于企业的研究。

绩效管理是为了实现企业价值最大化，企业各部门及员工共同参与企业绩效的一个循环过程。它包括五部分内容——绩效计划设计、绩效沟通、绩效考核评估、绩效结果应用、绩效目标诊断和提高。它以激励和管控为主旨，应用于企业发展的各个阶段。绩效管理的第一步是设计适合组织的绩效计划。高效的计划要求管理者在设计时从实际出发，以人为本，兼顾员工和管理者。绩效沟通是组织与个人沟通的桥梁，在设置考核方式时能更好地适应企业自身情况，确保绩效管理工作落到实处。绩效考核评估是绩效管理的关键步骤，好的评估机制兼具激励与合理约束。绩效结果应用是执行阶段，适用于企业所有的绩效考评环节，对个人、部门的绩效进行统一管理。绩效管理的最后环节是绩效目标诊断和提高，通过这一环节企业可以发现绩效管理体系的不足，不断完善绩效管理体系。

（一）绩效管理的流程

1.绩效计划

与绩效指标相同，绩效计划同样作为绩效管理的重中之重。绩效计划通常建立在具体岗位职责和目标任务之上，决策管理层通过绩效计划的制定为员工制定标准和规范。绩效计划制定过程中，决策管理层必须与普通员工取得及时的交流和沟通，向员工表明对其期望值，员工需要结合自身岗位工作，向决策领导层做出承诺，最终达到意见统一，确定绩效计划的正式制定。绩效计划制定过程必须突出客观性、科学性和合理性。首先，员工必须对自身岗位职责有所了解，并全面掌握岗位工作任务，绩效计划中有明确的要求和时限，这就要求员工必须按期保质完成工作目标任务；其次，在决策管理层与员工进行协调、沟通的基础上，进行工作任务目标、考核管理标准规范、工作岗位职责及相关保障措施等的制定，决策管理层对员工提出期望，员工向决策管理层做出承诺保证；第三，在岗位工作任务目标制定过程中，决策管理层需要与员工进行有效的交流和沟通，切实帮助员工解决实际困难，以此来确保绩效管理工作的顺利开展。

2. 绩效实施

作为绩效管理工作的第二个步骤，绩效实施过程至关重要，员工在业务工作开展过程中，需要及时向上级主管部门和负责领导汇报工作进展情况，主管及部门领导根据员工所汇报的工作进展情况，进行主要问题的提出，并要求员工限期内整改到位。当然，如果员工的工作任务目标能够如期保质完成，或者超额完成，那么组织需要对其进行嘉奖，以此来增强其创新能力，提升其工作积极主动性；对于存在问题的员工，管理者要给予耐心指导，帮助其做好整改、优化工作，对屡教不改的员工，按照相关管理制度，给予一定的惩罚。绩效实施过程中，决策管理层必须与员工保持密切的交流和沟通关系，其主要意义和效果有两点：一是员工与考核管理者进行交流和沟通，有利于考核管理者对员工认可度的提高和员工积极创新能力的提升；二是考核管理者与员工进行交流和沟通，将工作进展情况与工作任务目标进行对比，找出存在的不足和问题，进而进行可行解决方案的制定。总而言之，绩效管理实施过程中，绩效考核管理者必须与员工保持密切交流和沟通关系，根据内外部环境的变化，进行绩效管理计划的随时变更和调整，确保组织战略目标与员工个人目标完全相同。

绩效管理实施过程中，需要进行考评信息的多方收集、整理。可以说，考评信息数量与质量，直接会对绩效管理实施成效造成影响。绩效考评信息来源渠道较多，通常涵盖了员工填写的信息、部门反馈信息、上级领导反馈信息等。因此，在绩效管理考评过程中，考核管理者需要对考评信息的准确性、完整性予以验证，将其作为绩效管理考核的重要依据。唯有此，才能确保绩效管理考核结果的客观、准确和完整。除此之外，员工绩效考评信息的全面收集和整理，能够让决策管理层对员工的真实情况有一个全面的了解和掌握，特别是寻找差距与不足，进行成因分析，最终提出科学、可行的整改策略。

3. 绩效考核

绩效管理考核过程中，考核人员需要按照预先制定的绩效管理考核计划、实施办法等规章制度，对被考核人员业务工作完成情况进行归纳、总结，通过分析、对比完成情况和预期目标，进行差距和问题的排查。当然，整个考核过程要公平、公正、透明化，特别是在计分、评判环节，要依法依规、客观公正，防止投机等行为的发生。

4. 绩效反馈面谈

绩效管理考核工作结束之后，组织需要对绩效管理考评结果实施反馈面谈，组织决策管理层与被考评员工进行交流和沟通，员工首先结合自己工作实际，对自己做出客观评价，并对下一步工作做好打算。考核管理者将绩效考评结果及时反馈给被考核员工，并从中找出不足和差距，让员工了解并掌握自己存在的不足和缺陷。考核管理人员就考评结果与员工进行面对面交谈，员工就绩效考评结果进行问题的归纳、分析，找出形成问题的原因，并就在工作过程中遇到的困难和问题及时向考核人员反馈。通过有效的反馈面谈，一方面有利于员工查漏补缺，改进工作方式；另一方面有利于决策管理层提出可行指导方案。与此同时，需要意识到绩效反馈面谈是一项风险与机遇并存的工作。反馈面谈过程中，绩效考核人员不仅需要对员工特长予以嘉奖，而且需要对员工不足提出指正，特别是在不足和问题反馈过程中，要抓住重点，否则可能会造成纠纷。另外，绩效考核者要端正行为态度，通过公平、公正、透明化的方式，认真听取员工的意见和建议。员工需要根据自己的不足和问题，虚心接受批评指正，从而为下一步工作打好基础。整个反馈面谈过程中，绩效考核者与被考核员工就存在异议的问题达成一致，确保整个反馈面谈工作顺利进行。可以说，反馈面谈是一个交流、沟通技巧运用的过程。

5. 绩效考核结果运用

绩效考核结果作为绩效管理考核最后一个环节，也作为最重要的环节之一，绩效考核结果运用是否恰当、合理，直接关系到组织绩效管理考核的最终成效。近年来，随着市场经济体制的不断健全和完善，越来越多的企业决策管理层意识到绩效考核工作的重要性，将绩效考核纳入人力资源管理范畴，并将绩效考核结果有效运用于企业人力资源管理过程。绩效考核结果通常运用于人力资源管理的以下几个方面：

第一，运用于员工薪酬福利标准的制定和调整。薪酬福利是企业员工所考虑的主要问题之一，通过绩效考核，进行员工薪酬福利标准的设定和调整。与此同时，将员工薪酬福利中的某些部分与绩效管理考核相关联，企业内部员工由于岗位的不同，所以得到的薪酬福利有所差异，而绩效考核结果是其制定和调整的有力依据。

第二，运用于员工工作岗位和职位的调整。对于企业任何一个员工来讲，都想通过自身努力实现职位晋升，因此，企业人力资源管理过程中，不仅要给予员工适当标准的薪酬福利，而且要满足员工职位晋升的愿望，以此来提高员工满意度、忠诚度，增强员工的积极主动创新能力。绩效考核结果能够准确反映出员工一定时期内的工作业绩，企业决策管理层可以根据绩效管理考核结果，对员工进行岗位调整、职位变更，进而达到激发员工潜力，提升员工战斗力的目的。

第三，运用于企业员工教育培训工作。从某种层面来讲，企业实施绩效考核的主要目的是为了对员工工作任务目标完成情况的考量，并且能够起到激励员工、培养员工创新力的作用。所以，将绩效考核结果有效运用于员工教育培训工作当中，针对未按期保质完成工作任务的员工，采取在职教育培训的方法，让其能在较短的时间内提升业务能力和工作水平，最终迎头赶上，按期保质完成任务目标。通过向员工及时反馈绩效考核结果，让员工进行自查自纠，找出自己的不足和问题，并通过教育培训工作来提升自我，进而更好地完成岗位工作任务目标。

第四，运用于员工选拔和培训效标。效标是对某件事务有效性考量的客观依据。通过将绩效考核结果运用于员工选拔和培训有效性衡量工作过程中，有利于及时发现优秀员工，倘若员工的绩效考核结果与选拔任用结果一致，那么则说明这样的选拔任用是有效的；反之，倘若企业对绩效考核结果不好的员工进行选拔任用，那么该选拔任用是无效的。通过对员工实施教育培训，倘若通过培训之后，员工的业绩水平有所提升，那么则说明教育培训是有效的；反之，如果在培训之后，员工的绩效考核结果仍然没有提高，则说明培训是无效的。

（二）绩效管理的特征

（1）绩效管理需要从公司战略发展的角度出发，这样不仅能够提高组织的绩效管理水平和个人的绩效水平，还能使个人目标与部门和组织目标保持高度一致。

（2）绩效管理需要高水平的基础管理，如健康的企业文化、清晰的组织结构和发展战略、明确的岗位职责和岗位权利、完善的成本预算体系、公平的薪酬体系等。

（3）绩效管理的责任需要管理者和员工共同承担，利用一定的激励方式激励员工工作更加积极主动，使员工的能力得到提高，由个人绩效水平带动组织整体绩效水平。

（4）强大的执行力公司是实行绩效管理的前提，管理者的自我约束和推动是公司绩效管理的基础，有效的沟通和反馈是公司绩效管理的保障。

（5）绩效管理坚持以人为本的思想，体现对员工的尊重。

二、绩效管理常用方法

环节的失误都可能导致连锁反应，最终影响到期初的绩效目标。通过设计有效的绩效指标和评价标准并有效实施，管理者能够对员工的工作业绩、价值输出、潜在能力等方面得出有效的认识和结论，再通过多层次、多角度的沟通交流并制定相应的完善计划，最终促进企业战略目标的实现。目前比较主流的绩效评价方法有：目标管理法、关键绩效指标分析法、360度评价法、平衡计分卡法、EVA经济增加值法等。

（一）目标管理法

目标管理法最早是由美国提出，在《管理务实》中进行了详细介绍。它是指由公司最高领导人针对公司实际发展形势，制定出一定期限内公司需要完成的总体目标，并采取分层实施与管理的办法，要求全体员工依照目标完成工作绩效，并把目标的完成情况作为部门和个人绩效考核的依据，而这一过程就是企业实施目标管理方法的步骤或流程。例如在国家电网××供电公司中，针对员工绩效考核首先设立了一个总体目标计划，并在此基础上将企业的整体发展战略目标与员工绩效考核挂钩，而员工在日常工作中需要依据绩效考核内容严格完成工作。目标管理法的优势是可以最大限度刺激员工工作的积极性，进而提高企业战略目标的完成程度。

由于世界上所有大型企业都将绩效管理用于目标管理，这不可避免地会引起一些问题出现，如何寻求利益，以及如何发展优势都很重要。目标管理有助于改善组织结构中的分工，激发员工的积极性、主动性和创造性，提高目标完成率，提高分解成较小目标的绩效，促进多方面的沟通。然而，目标的量化和实现以及组织环境的变化，导致组织各方面的复杂性、不确定性增加，管理难度加大，协调困难，不同员工无法采用统一的管理标准，职位和部门在比较中缺乏公平性，具体的利弊不能作为未来决策的数据支撑。

（二）关键绩效指标分析法

作为对企业战略决策、目标任务产生重大影响的标准体系，关键绩效指标法的主要目标是对企业战略目标进行层层分解，层层细化到具体部门、岗位，从而进行组织经营成效和目标完成情况的检验。关键指标体系的有效性和科学性，直接体现在企业目标与员工目标是否保持一致以及企业效益最大化之上。关键绩效指标制定过程中，必须做好定义、目标、标准、费用等因素的管理控制工作，关键指标的定义必须清晰准确、目标必须科学可行、标准必须科学合理、成本必须最小化。关键绩效指标的设置必须略高于员工正常情况下的工作水平，必须具备可行性和可操作性。另外，关键绩效指标的实现方式和时间必须予以明确。

现阶段，组织关键绩效指标体系构建过程中，通常运用两种方法：一是按照组织框架进行层层分解；二是按照业务流程进行逐步细化。除此之外，关键绩效指标体系还能够根据部门职能、岗位职责、平衡计分卡等方法予以构建。

（三）360度评价法

360度评价法是指通过全方位考评，综合得出绩效结果。这个全方位是指被考核者的所有工作关系都参与评价，即被考评人的上级、同级、下级和服务的客户等评价，还包括员工本人对自己进行评价。也可以请外来专家对该员工或团队进行考评，将考评结果反馈给该员工或团队。

（1）上级考评：主要是员工的直接上级对员工进行考评。直接上级对该员工的表现相对了解，掌握的绩效信息也最为直接、充分，可以较准确地反映出该员工的绩效表现。

（2）同级考评：这是与被考核员工同岗位或同部门的同级员工对其进行考核，同级员工可以反映出该员工的其他方面，如协作、沟通、团队意识等方面表现，但同级员工之间存在竞争性，考评结果可能会出现较大的偏差。

（3）下级考评：这是指下级对上级的被考核者进行考评，能够从责任心、领导能力、管理才能、协调能力等方面做出评价，当然也存在着下级员工联合做出不佳考评的可能。

（4）客户考评：这个适用于与客户有接触的员工，从客户考评那里可以反映出员工的服务态度、沟通能力等。客户的考评可以通过调查问卷、访谈、电话等方式进行。

（5）员工本人考评：就是员工对自己在工作上的表现进行自我评价，这是员工自身定位与判断的一种考核，当然多数情况存在员工对自我表现过于自信的情况，高估自己在团队中的贡献程度，其考核的结果常常会出现其他类型的考核结果。

360度考评体系参与考核的人员比较多，操作比较复杂，而且考核人员获得的信息不可能面面俱到，不可避免地存在着以偏概全的情况。同时，该方法对绩效信息的收集、统计等也是一个工作量较大的过程，容易出现差错，导致考核结果出现不合理的情况。

（四）平衡计分卡法

20世纪90年代，著名学者戴维·诺顿和罗伯特·卡普兰教授通过研究提出平衡记分卡方法，平衡记分卡的中心思想为突出组织战略决策目标。平衡记分卡通过将企业整体战略目标层层分解、逐步细化，并对企业学习、客户、财务、经营管理等展开绩效考核。如此一来，企业抽象的整体战略目标将被具体化、形态化、直观化，最终有利于企业整体目标的实现。平衡记分卡具备一定的优势和特色，如能够对组织整体战略进行具体化、细分化，能够将组织战略转变为绩效指标，通过层层分解的方式，将组织绩效具体到部门、岗位和人员当中，通过相互协作、相互支持，最终实现组织目标。当然，平衡记分卡也存在一些不足和缺陷，比如对绩效管理、创新的标准较高，一般的中小企业由于管理水平较低、基础薄弱，不适用该方法。

第二节　绩效管理的实施过程

绩效管理的实施过程包括制定科学的绩效指标，搭配合理的考核方法以及薪酬体系，加强培训，进行绩效沟通和绩效反馈，持续改进。

一、以工作分析为基础，制定科学的绩效指标

工作分析是员工获得工作信息的过程，在设计能源公司绩效管理所应用的绩效考核表前，首先必须做的就是对全体员工的工作方式及工作发展有一定程度的了解，明确员工的职位与职责，或者采取让员工填写职位说明书的方法来了解。只有这样，才能了解某项职位需要掌握什么样的知识、技能，需要什么样的工作态度、工作流程，等等。从企业绩效管理的角度来看，员工所属职位不同，绩效考核表中的要素就会存在一定的区别，如果企业在对员工的考核中采用同一张内容没有变化的员工考核表，其得到的考核结果显然是不科学且不合理的。比较合适的绩效考核表应该是把集团公司所有的职位从管理科学合理的层面出发进行不同的分类，如集团公司可以将员工职位划分为管理类职位、技术类职位、后勤服务类职位等。通过不同的职位分类，得到的职位考核分数既有企业员工自身考核的绝对值，又有员工在本类职位中考核结果的相对值，结果才能对员工起到激励作用。

集团公司在年初制定绩效计划时，应在对员工进行详细的工作分析的基础上，结合集团公司每一个具体年度所确定的企业战略发展目标及公司管理层所制定的具体管理工作计划，通过集团公司管理层和企业员工之间绩效沟通，来制定科学合理的人力资源绩效指标。对于集团公司来说，员工绩效指标的制定需要改变由企业管理者直接下达的管理方式，而应通过和员工的多沟通多交流，多征求员工对绩效管理的意见。各绩效指标及相应的权重，应参照公司当年的业务目标而设定，并以此作为决定被评估薪酬、奖惩、升迁的基础。在考核指标上要减少含糊不清的内容，去除一些无意义的、大道理式的指标。在权重上应通过对每个被评估者的职位性质、工作特点来进行分析，从而确定每项指标及其中各项在整个指标体系中的重要程度，赋予相应的权重，以达到考核的科学合理性。

二、搭配合理的考核办法，优化薪酬体系

在整个绩效考核过程中，绩效标准起着重要的作用。工作分析的结果已经明确表示企业员工在自身工作中应该做的，绩效考核的标准需要解释员工在企业经营管理中所必须满足的程度。工作分析与企业绩效考核指标二者结合起来，能够对员工的工作及考核进行清晰论述。设定企业绩效标准要达到的目的通常有三个：第一，通过考核办法与考核指标，引导企业员工，从而实现集团公司给员工既定的工作标准；第二，通过考核办法与考核指标，结合员工的工作分析，建立一个公平合理的竞争环境及工作平台；第三，奠定公正的评价员工的基础。绩效标准的制定，能够有效地实现企业经营管理目标，进一步完善薪酬体系，使员工对收入的满意程度提高，从而调动员工的积极性，提高整个公司的整体效益。员工对企业给予薪酬的满意度对于企业来说，是企业激励员工，提升企业人力资源管理有效性，尤其是避免员工流失的重要保障。正是因为如此，不断优化薪酬体系是集团公司绩效管理中必须关注的关键性因素。同时，优化薪酬也要根据公司收益的实际情况，横向薪酬体系与纵向薪酬体系的综合比较，根据企业经营管理发展的需要最终做出优化薪酬体系的决策。

三、加强培训，增强对绩效管理的系统认识

对全体员工进行专项培训，更新全体员工对绩效管理的认识，特别是管理层的认识是十

分必要的。作为能源集团公司一名员工可以通过这种培训明确其自身在企业发展战略中的位置，明确绩效管理体系中自身所具有的权利和义务，从而能够明晰绩效管理在具体的公司人力资源管理中所确定的影响。对于能源公司的绩效管理优化来讲，企业高层管理者对绩效管理优化的重视与否决定着公司绩效管理优化的具体应用效果，绩效管理从其本质上来讲，是企业全体员工都应参与的事情，但是高层领导管理者在企业生产经营中所具有的地位和影响力，决定了管理者们必须站在企业改革的最前端，以自身的行动和理念积极参与到绩效管理的优化进程中来。提高人力资源主管的专业化水平是整个公司人员培训的一项重点。在集团公司绩效管理的优化过程中，人力资源管理者在本次绩效管理的优化中起着至关重要的作用。人力资源的管理者利用自身在人力资源管理方面的专业知识和实践经验，从企业的实际情况出发，结合企业的实际情况和绩效管理要求设计出集团公司绩效管理的流程体系，还要对绩效管理体系在具体实施过程中所涉及的一些细节，如绩效管理优化中涉及的各类规章制度等进行必要的设计和修订，为集团公司其他部门的管理者与员工提供必要的咨询与帮助等。

四、进行绩效沟通和绩效反馈

从集团公司绩效管理自身的运作机制来看，企业在绩效管理中良好的绩效沟通与细致的绩效反馈能够使绩效管理中出现的问题及时得到解决，从而有效提高企业绩效管理的效率。企业通过有效的绩效沟通和绩效反馈的应用，可以促进人力资源管理有效性的提升。绩效沟通与绩效反馈在具体的方法选择上，通常分为正式与非正式两类：正式的绩效沟通与绩效反馈是事先计划并安排好的，常见的方式有定期的书面报告、定期进行的面谈、有部门负责人等管理人员参加的定期小组会议或者相关的工作团队会议等；非正式绩效沟通与非正式绩效反馈可以采用的非正式方式也是多种多样的，如闲聊或者走动式交谈等诸多方式。总之，企业的管理者应从实际情况出发，在实际应用中灵活采用绩效考核沟通与绩效反馈的方式。能源企业属于生产性行业，能源集团公司的管理者在日常管理工作中应结合企业生产目标，及时掌握企业员工在自身工作中的工作绩效情况。管理者应加强与企业员工工作绩效的沟通与工作绩效的反馈，并从自身工作需要出发来指导下属完成绩效反馈。能源公司的人力资源部门应该从集团公司的实际情况出发，对绩效考核的标准和绩效考核的准则进行定期检查与修正，设计修订企业绩效管理中的考核体系时，应以执行性与操作性为基础尽可能地制定一些相对来说客观化且能够量化的考核指标。同时公司的人力资源管理部门也应及时向公司各级管理部门的负责人培训绩效考核方面的专业知识与实践技能，不断加强管理者与被考核者的绩效沟通与绩效反馈，从而将绩效考核所带来的考核误差降到最小，减少因为误差而给企业人力资源管理带来的负面效应。

第三节　能源绩效管理实例

以对标管理推动炼化业务发展方式转变，是中国石油股份公司对中国石油炼化企业竞争力分析研讨会上提出的要求。兰州石化是中国石油较早推行对标管理的企业。自 2008 年以来，兰州石化围绕建标、立标、达标、创标等环节，大力开展对标管理，优化生产工艺，深化节能降耗，着力降本增效，企业保持了良好的发展势头。2009 年在石油企业普遍减产降量的情况下，兰州石化加工原油 1045 万吨，同比增长 4.3%；生产汽煤柴油 740 万吨，同比增长 9.8%；实现营业收入 591 亿元，实现利润居中国石油炼化企业首位。67 项关键性指标中，48 项指标创历史最好水平。

一、构建科学的指标体系

对标（benchmark），意思是"基准、评效"，又称"标杆管理""基准管理""水平对比"，起源于 20 世纪 70 年代，最初在美国施乐公司、IBM 公司实施，是人们利用对标寻找与其他公司的差距，进行调查比较的方法。后来，对标管理逐渐演变成为寻找最佳案例和标准、加强企业内部管理的一种方法。兰州石化围绕建标、定标、达标、创标 4 个环节，建立了独具特色的对标管理模式。

建立哪些指标、建成什么样的指标体系，是建标中遇到的首要问题。兰州石化是一个老企业，新老装置并存，规模大小不一，科学合理建标尤为重要。在建标过程中，兰州石化从实际出发，客观公正地确立对标指标，对具有技术、工艺优势的装置，坚持与系统内和本行业最佳值对标，保持指标的先进性；对缺乏优势的装置与历史最好值对标，力求指标的合理性。

本着"翘翘脚够得着、蹦蹦高摸得到"的对标理念，兰州石化选择覆盖面广、可以分解的、能综合反映公司整体水平的指标作为建标基准。通过对分散的、繁杂的指标梳理、比选和甄别，兰州石化今年确定了一级指标 200 多项，具有总量性、关键性、管控性特点的生产经营管理类指标 167 项。其中，总量性指标 67 项、关键性指标 73 项、管控性指标 27 项。经过层层分解，形成了分厂二级指标 2614 项、车间三级指标 8192 项。

"三类三级"指标的建立，基本覆盖了公司生产经营管理的方方面面，突出了指标的唯一性、重要性和专属性，实现了横向全面覆盖，纵向分解到底，量化客观清晰，考核刚性兑现的目标。

确定指标值是对标管理的关键。在中国石油炼化板块的帮助指导下，兰州石化通过收集、整理和比选，列出了企业历史最好值、系统内最佳值、行业最佳值 3 档对比值。在参考 3 档对比值的基础上，以不低于前 3 年平均值、2008 年实际值、总部考核指标值、装置设计值为定标原则。经过上下反复沟通协商，领导班子集体研究，确立了每项指标的基础值、创标值和 3 年滚动目标值，形成了较为完整的对标指标体系，使体系内的指标能够可比较，且具有挑战性。

二、推动对标管理常态化

在实施对标管理的过程中，兰州石化通过解决指标设定、指标责任、指标考核、指标统计分析等难题，保证了对标管理的有序推进。在建立对标体系中，跨单位、跨系统的能耗、物耗、费用等总量性指标责任不清，指标无法落地，存在"分量优、总量差""指标优、效益差"，领导背指标、基层落指标、部门看指标的现象。公司领导班子经过认真研究，将总量性、关键性、管控性指标直接"背"到机关部门身上。责任主体明确后，机关部门不再是下计划、管考核的"裁判员"，而是成为与基层目标同向、责任共担、利益共享的"运动员"。这种角色的转换，促使机关部门紧盯指标，千方百计地帮助二级单位出主意、想办法，主动协调解决问题。兰州石化把项目投资、检维修费列入一级对标指标后，压力落到了部门，完善制度、规范流程、投资计划与项目计划分开，检维修费用实行"五集中一规范"，基本上杜绝了项目超投资、费用超计划的现象。

能否将对标指标直接与薪酬挂钩，这是有效推进对标管理的难点。兰州石化经过深入调研，反复论证，将对标指标、达标指标和绩效考核指标并轨，以对标基础值作为达标二档指标，将100多项经营管理和党群类对标指标纳入机关部门平衡计分卡体系，46项关键装置的能耗、物耗类对标指标纳入二级单位平衡计分卡体系，17项矿区服务类对标指标纳入矿区综合服务满意度测评和专业管理考核体系，实现了对标管理与绩效管理、对标指标体系与绩效考核体系、各级对标指标与各级平衡计分卡的有机统一。

在实际考核中突出重点，各有侧重：炼化生产单位注重效率性，重点考核能耗、物耗等内部运营控制指标；独立核算单位注重效益性，重点考核利润、收入指标；生产保运单位注重有效性，重点考核保运服务满意度；费用单位和矿区服务单位注重经济性，着重考核费用控制和综合服务满意度；职能部门重点考核影响整体经营效果的总量性、关键性、管控性指标。当指标触动每个人的利益时，关注指标，想办法完成指标就成了大家共同的责任与使命。

兰州石化"三类三级"对标指标近万项，对标数据繁多，分解体系复杂，靠人工统计工作量大，评价分析滞后。为了保证对标管理日常化、易操作、可对比，兰州石化按照"统一平台，自动采集、数出一家、关联分解"的思路，自主开发了对标管理信息平台，确保了数据及时快捷采集、发布和查询，为公司随时掌握对标动态、正确决策，为部门、单位制定对策提供了有力支撑，实现了对标管理日常化、制度化。

三、持续改进，不断提升指标水平

达标是实现对标指标的核心。兰州石化加强指标的分类指导，对于产量性指标坚持月分解、周通报，做到以周保月、以月保季、以季保年。总量性消耗指标按照生产任务和单位耗量，每月下达指标，做到以单耗保总量；能耗指标以季节为主合理分解，确保冬季指标合理、夏季指标先进、全年指标不超。对于确定的考核指标，兰州石化坚持标准不降、指标不调、主观因素不考虑、客观因素要剔除的考核原则，取得了明显成效。

创标是对标管理追求的结果。兰州石化将对标指标纳入业绩考核体系，与薪酬直接挂钩，加强检查，严格考核。为了鼓励和引导部门、单位积极创标，制定出台了《对标指标刷新奖管理办法》，突出关键指标，兼顾实施难度，重奖主要贡献人员，取得了较好的效果。为了缩小本企业指标与行业先进的差距，兰州石化将生产经营管理的指标逐项对比分析，开展了降低炼油综合能耗、提高乙烯"双烯"收率的"六个降低、四个提高"的十大攻关项目，实施了百条措施。近年进一步深化"十大攻关"，各部门、单位以对标定坐标、以对标寻对策，形成了公司、分厂、车间三级攻关体系，为创标奠定了基础。2010年1月至5月，通过实施"优化300万吨重催汽提蒸汽比例""炼化燃料协调优化运行"等18个项目，节能挖潜取得了良好成效，累计用能总量、蒸汽和新水总用量同比大幅下降。

思考题

1. 简述能源绩效管理的基本概念。
2. 能源绩效管理的实施过程一般包括哪些环节？
3. 以你所在单位为例，谈谈如何提高能源绩效管理水平？

参 考 文 献

[1] 饶宏，李立涅，郭晓斌. 我国能源技术革命形势及方向分析 [J]. 中国工程科学，2018，20 (3)：17-24.

[2] 朱宁. 综合能源发展脉络、技术特点和未来趋势 [J]. 中国能源，2019，41 (10)：18-22，43.

[3] 吴林强，张涛，徐晶晶. 全球海洋油气勘探开发特征及趋势分析 [J]. 国际石油经济，2019 (3)：29-36.

[4] 吕建中，郭晓霞，杨金华. 深水油气勘探开发技术发展现状与趋势 [J]. 石油钻采工艺，2015，(1)：13-18.

[5] 顾昌，邵锡奎. 能源需求预测方法概论 [J]. 能源工程，1985 (4)：8-13.

[6] 白华，韩文秀. 复合系统及其协调的一般理论 [J]. 运筹与管理，2000 (3)：1-9.

[7] 田宜水，单明，孔庚，等. 我国生物质经济发展战略研究 [J]. 中国工程科学，2021，23 (01)：133-140.

[8] 白永强，乔建宇，侯洋，等. 石油化工行业 HSE 管理体系改进研究 [J]. 内蒙古科技与经济，2019，(22)：21-22.

[9] 中国地质编辑部. 日本公布第五次能源基本计划 [J]. 中国地质，2019，46 (5)：1251-1252.

[10] 曾鸣. 构建综合能源系统 [J]. 中国电力企业管理，2018，(10)：59-61.

[11] 曾胜. 中国能源消费、经济增长与能源需求预测的研究 [J]. 管理评论，2011 (2)：40-46.

[12] 陈思捷，柴立和. 复杂能源系统结构演化和评价的新模型 [J]. 世界科技研究与发展，2010，32 (2)：268-270.

[13] 陈月佳. 对分布式能源系统的经济性研究 [D]. 邯郸：河北工程大学，2014.

[14] 崔喜群. HSE 管理体系在国际石油物探领域的应用研究 [D]. 天津：天津大学，2007.

[15] 杜元伟，段万春，李亚群. 能源需求与供给的预测思路 [J]. 现代管理科学，2011 (3)：31-33.

[16] 冯雅珂. 浅议智能电网运行系统的概念及特点 [J]. 低碳世界，2013 (9)：67-68.

[17] 傅先刚，刘勇，伍志明，等. 大亚湾核电站 18 个月换料工程及其项目管理 [J]. 核动力工程，2002，23 (05)：8-13，17.

[18] 宫飞翔，李德智，田世明，等. 综合能源系统关键技术综述与展望 [J]. 可再生能源，2019，37 (8)：1229-1235.

[19] 贡文伟，陈骏，等. 模糊诊断模型在立体仓库故障诊断中的应用 [J]. 起重运输机械，2001 (10)：13-15.

[20] 贡文伟. 故障树定量分析法在立体仓库故障诊断中的应用 [J]. 起重运输机械，2002 (12)：24-26.

[21] 古小东，夏斌. 我国推行合同能源管理的问题与对策研究 [J]. 企业经济，2012，31 (3)：149-152.

[22] 国家技术监督局. GB/T 16616—1996. 企业能源网络图绘制方法 [S]. 北京：中国标准化研究院，1996.

[23] 田宜水，单明，孔庚，等. 我国生物质经济发展战略研究 [J]. 中国工程科学，2021，23 (1)：133-140.

[24] 马隆龙，唐志华，汪丛伟，等. 生物质能研究现状及未来发展策略 [J]. 中国科学院院刊，2019，34 (4)：434-442.

[25] 韩宇，彭克，王敬华，等. 多能协同综合能源系统协调控制关键技术研究现状与展望 [J]. 电力建设，2018，39 (12)：81-87.

[26] 郝然. 多能互补和集成优化能源系统关键技术及挑战 [J]. 能源研究与利用，2018 (2)：4-8.

[27] 洪园园. 推行合同能源管理应解决的突出问题 [J]. 科技经济导刊，2019，27 (25)：114.

[28] 侯凯锋. 大型石化项目的能源网络图分析 [J]. 石油炼制与化工，2012，43 (2)：87-91.

[29] 胡惠芳.需求侧管理（DSM）在炼化企业节能管理中的应用［J］.石油石化节能与减排，2011，1（10）：44-47.

[30] 胡淑华.青海能源消费与经济发展现状分析［J］.青海统计，2011（4）：23-32.

[31] 惠宁，周晓唯，王林平.油气田开发企业合同能源管理应用研究［J］.科技进步与对策，2017，34（9）：132-135.

[32] 贾宏杰，穆云飞，余晓丹.对我国综合能源系统发展的思考［J］.电力建设，2015，36（1）：16-25.

[33] 姜鑫民，赵林，曲会，等.浅析能源规划指标体系的构建［J］.中国能源，2008（5）：42-45.

[34] 金和平，郭创新，许奕斌，等.能源大数据的系统构想及应用研究［J］.水电与抽水蓄能，2019，5（01）：1-13.

[35] 鞠美庭，张裕芬，李洪远.能源规划环境影响评价［M］.北京：化学工业出版社，2006.

[36] 李娜.天然气分布式能源系统的发展［J］.电力科技与环保，2013，29（4）：57-59.

[37] 李延峰.不确定优化方法在能源规划中的应用［D］.北京：华北电力大学（北京），2010.

[38] 梁宇希.不确定性条件下的城市能源优化模型［D］.北京：华北电力大学（北京），2013.

[39] 廖海玲，张驰，等.浅谈石油化工企业HSE管理体系［J］.商场现代化，2012（15）：20.

[40] 刘贵义，刘正连，王鹏程，等.石油企业HSE管理体系应用现状及发展［J］.清洗世界，2019，35（7）：41-44，46.

[41] 刘贞，张希良，阎建明.区域可再生能源规划理论研究［J］.中外能源，2011，16（3）：36-41.

[42] 鲁宗相，王彩霞，闵勇，等.微电网研究综述［J］.电力系统自动化，2007，31（19）：100-107.

[43] 罗辉.联合能源系统方案探讨［J］.电气应用，2014，33（24）：138-140.

[44] 罗俊德.理解GB/T 16616—1996《企业能源网络图绘制方法》［J］.能源与节能，2013（2）：15-23.

[45] 吕淼.浅析燃气企业需求侧管理［J］.城市燃气，2009（9）：32-34.

[46] 马丽.我国煤炭中长期需求预测与供给能力分析［J］.煤炭经济研究，2009（12）：4-6.

[47] 孟凡生，李美莹.我国能源供给影响因素的综合评价研究［J］.科研管理，2014，35（9）：50-57.

[48] 李景明，贺亮.农村能源系统的概念［J］.可再生能源，1993（4）：6.

[49] 庞名立，崔傲蕾.能源百科简明辞典［M］.北京：中国石化出版社，2009.

[50] 彭克，张聪，徐丙垠，等.多能协同综合能源系统示范工程现状与展望［J］.电力自动化设备，2017，37（6）：3-10.

[51] 任有中.能源工程管理［M］.北京：中国电力出版社，2007.

[52] 邵延峰，薛红军，SHAOYan-feng，等.故障树分析法在系统故障诊断中的应用［J］.机械设计与制造工程，2007，36（1）：72-74.

[53] 盛鹍，孔力，齐智平，等.新型电网—微电网（Microgrid）研究综述［J］.继电器，2007（12）：75-81.

[54] 施红，高志刚，裴后举，等.托管型合同能源管理模式在高校建筑节能减排中的研究［J］.节能，2016，35（4）：57-62，3.

[55] 史兆宪，赵旭东.能源与节能管理基础（下）.北京：中国标准出版社，2010.

[56] 孙以环.石油行业HSE体系管理的推进与实践研究［J］.企业改革与管理，2019（12）：35-36.

[57] 汤学忠.热能转换与利用.北京：冶金工业出版社，2002.

[58] 唐满红.我国石油化工系统节能分析及节能潜力分析［J］.石化技术，2015，22（9）：254.

[59] 王炯.HSE管理在石油项目管理中的应用探讨［J］.化工管理，2013（20）：43.

[60] 王茜，孙家庆，姚景芳，等.基于安全低碳供应链的天然气需求侧管理体系研究［J］.价值工程，2014，33（27）：14-15.

[61] 王晓.我国合同能源管理发展政策导向存在的问题及其对策［J］.纳税，2018，12（24）：130-131，133.

[62] 王志轩.中国电力需求侧管理变革［J］.新能源经贸观察，2018（9）：27-34.

[63] 魏广明.区域能源需求预测及能源发展策略选择［D］.天津：天津大学，2007.

［64］ 吴昭.油井液面连续监测及间开控制节能技术系统的应用［J］.石油石化节能，2015，5（8）：28-30.

［65］ 徐明德，李维杰.线性回归分析与能源需求预测［J］.内蒙古师范大学学报（自然科学汉文版），2003（01）：17-20.

［66］ 杨怀滨，童若冰.谈"智能热网"系统在供热行业的应用［J］.资源节约与环保，2015（7）：4.

［67］ 殷红芹.需求侧水资源配置管理模式［J］.水科学与工程技术，2012（2）：19-21.

［68］ 余贻鑫.智能电网的技术组成和实现顺序［J］.南方电网技术，2009，3（2）：1-5.

［69］ 张辉.论"需求侧管理"的模式选择及应用［J］.管理世界，2014（4）：175-176.

［70］ 张俊，王飞跃，陈思远.能源系统通证经济学：概念、功能与应用［J］.电气应用，2019，38（11）：64-73.

［71］ 张小丽.湖北省节能的绿色投入产出分析［D］.武汉：华中科技大学，2007.

［72］ 周凤起.中国的能源消费和能源发展战略［J］.中外管理导报，1997（Z2）：28-31.

［73］ 周国伟，马国彬.能源工程管理.上海：同济大学出版社，2007.

［74］ 周庆凡.2015年中国能源生产与消费现状［J］.石油与天然气地质，2016（4）.

［75］ 周孝信，曾嵘，高峰，等.能源互联网的发展现状与展望［J］.中国科学：信息科学，2017，47（02）：149-170.

［76］ Bert Droste-Franke，等.可再生电力均衡化：多学科视野的储能、需求侧管理和网络扩展.陈锋军，等，译.北京：机械工业出版社，2008.

［77］ Wayne C. Turner & Steve Doty. Energy Management Handbook. 6th ed. Lilburn：The Fairmont Press，Inc，2007.

［78］ 唐志永，孙予罕，江绵恒.低碳复合能源系统：中国未来能源的解决方案和发展模式［J］.中国科学（化学），2013，43（1）：116-124.